과학을 **인간답게** 읽는 시간

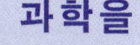

과학을 **인간답게** 읽는 시간

전대호 지음

해나무

프롤로그

 물리학과를 졸업하고 철학과 대학원에 진학했을 때, 교수들과 동료들이 과학을 얼마나 경외하는지 느끼며 적잖이 놀랐던 것을 기억한다. 철학 논문에 가끔 등장하는 수식 앞에서 그야말로 오금을 펴지 못하거나 아예 마음을 닫아버리는 이들이 꽤 많았다. 과학은 외계인의 언어였고, 거역할 수 없는 진리의 말씀이었고, 때로는 반드시 막아내야 할 제국주의의 마수였다.

 결코 우등생이 아니었지만 그래도 물리학과에 다니느라 많은 수식을 접하고 복잡한 단위들을 배우고 꽤 어려운 수학을 배운 나에게 인상적이었던 것은 인문학도들의 과학 지식이 부족하다는 점이 아니었다. 나는 그들이 스스로 장벽을 세우고 과학의 접근을 막는다고 느꼈다.

어쩌면 학생 시절에 수학 문제지 앞에서 느낀 당혹감이 중요한 원인일지도 모르겠다. 많은 이에게 과학은 낯섦을 넘어 범접할 수 없음 그 자체다. 과학이 완벽한 정답으로서 떡 하니 놓여 있는데 나만 이해가 안 돼 쩔쩔매는 상황은 얼마나 곤혹스러운가! 낯선 권위는 막강하다. 본디 권위란 낯설수록 더 강하고 위협적이기 마련이다.

다행히 나는 청년기에 기호, 수식, 표, 그래프를 많이 보아 과학에 주눅 들지 않는 법을 터득했고, 그 후 철학을 공부하면서, 과학이란 상식을 가진 사람들이 진실을 놓고 벌이는 대화 그 이상도 아니고 이하도 아니라는 믿음에 이르렀다. 그러면서 과학에 대한 사랑에 다가섰다. 과학을 신비한 도깨비방망이로 여기며 탐내거나, 미래의 먹거리 창출을 위한 엔진으로 보며 보수와 개량을 위해 연장을 들이대거나, 인간사의 모든 문제와 갈등을 일거에 쓸어버릴 비결로 믿으며 추앙하는 것이 아니라, 정말로 내 몸처럼 사랑하는 경지에 조금 더 접근했다. 그렇게 과학을 삶의 일부로 대하는 편이 과학과 우리 모두에게 이롭다고 생각하며 이

책을 썼다.

얄궂게도 요새 나는 과거에 본 인문학도들이 수식 앞에서 품던 경계심을 몸소 실감하곤 한다. 세월 탓인지, 수식을 보기가 점점 더 부담스러워진다. 내 질문에 답하려고 친구가 관련 수식들을 적거나 링크해서 이메일을 보내오면, 이렇게 애걸하곤 한다. "야, 이거 어떻게 말로 설명할 수 없겠냐?" 조금 창피한 느낌도 있어서, 이제 수식이 도통 이해가 안 된다는 얘기가 선뜻 나오지 않을 때가 많지만, 친구도 이미 짐작할 것이다.

아닌 게 아니라 과학은 낯선 외국어 같은 구석이 분명히 있다. 그러나 그 구석이 과학의 다는 결코 아니다. 우리는 "말로 설명을 해봐!"라고 뻔뻔스럽게 요구할 권리가 있다. 우리가 과학을 만만하게 보고 이해하려 나서며 그렇게 당당히 요구하기를, 과학자들이 그 요구에 응하며 우리와 함께 과학을 연구하기를, 그렇게 과학이 우리 모두의 삶 속에서 생동하기를 바란다.

차례

프롤로그   5

1장

과학은 차가운가

피보나치, 중세의 빌 게이츠 과학과 기술, 그리고 상업	13
기적의 해는 없다 역동적인 삶이 있을 뿐	20
과학자라는 한 '인간' 과학자와 철학자의 초상 사진	26
젊음을 향한 성숙 피카소의 젊음과 과학의 진정한 성숙	37
앎의 공유 특허를 포기한 마리 퀴리	43
앎의 기여도 제임스웹 사진들과 칸트	50

2장

과학은 모험

어둠에서 빛의 시대로 파리의 가로등	59
과학은 빛일까? 뉴턴과 17세기 풍의 과학 이미지	66
잃어버린, 모험의 짜릿함 데이비와 리터의 자가 실험	73
"과학은 장례식이 열릴 때마다 한 걸음씩 진보한다." 파스퇴르의 애국심과 플랑크의 둘째 업적	80
원자는 실재하는가 볼츠만의 죽음	87
중년 학자의 도약 슈뢰딩거와 크릭의 울타리 넘기	95
지식과 감각의 교집합 헤겔과 훔볼트	102

3장

과학의 사회생활

과학 쇼와 대중의 동맹 최초의 기구 비행과 민간 우주여행	113
쏠림이 만드는 성공과 실패 디지털 시대가 요구하는 마음가짐	121
논문 저자 1000명의 시대 중력파와 민주주의	128
의학의 목표 사회의학의 창시자 루돌프 피르호	136
이론의 정체와 응용의 질주 2025년 노벨물리학상과 양자컴퓨터	143

4장

얻는 것과 잃는 것

폭발력과 통제 불가능성 니체와 다이너마이트	169
오락실 게임과 AI 인베이더의 추억	176
실물이 간직하고 있는 시간 타임캡슐의 꿈	183
감탄의 상실, 체험의 상실 디지털화에 따른 탈신체화	190
언어 놀이 vs 세계와 관계 맺기 챗지피티 앞에서 떠올린 생각들	201
우리는 챗지피티가 되려는 것인가 책임자는 어디에 있는가	210
인간이 기계를 닮을 위험에 대한 경고 인간-AI 협업의 그늘	223
기계가 그리는 인간의 자화상 인간과 기술의 상호작용	244
뇌와 기계의 연결 뇌 활동 기록 방법들과 일론 머스크의 뉴럴레이스	253

5장

과학보다 더 깊은 철학

성급히 가설을 바꾸지 말라 시드니 브레너와 "오컴의 빗자루"	265
합리성을 넘어서 물은 H_2O일까	272
과학적 성공에 대한 다른 시각 장하석의 능동적 실재주의	279
정보는 곧 세계다? 차일링거의 정보 존재론에 대한 비판적 고찰	286
인간의 사회성을 바라보는 두 시선 사회생물학 vs 사회철학	296
에필로그	316

1장

과학은 차가운가

피보나치, 중세의 빌 게이츠

과학과 기술, 그리고 상업

'과학기술'이라는 익숙한 합성어가 웅변하듯이, 과학과 기술의 융합은 오늘날 더없이 당연한 현실이다. 그러나 역사의 오랜 기간 동안 과학과 기술은 어떤 의미에서 별개의 분야였다. 학문으로서의 과학을 담당하는 사람들과 생계로서의 기술을 담당하는 사람들은 기본적으로 신분이 달랐다. 과학은 만물을 포괄하는 우주의 근본 원리를 탐구하는 고차원적인 정신 활동이었던 반면, 기술은 생활의 편리와 안락을 추구하는 세속적 활동이었다. 한마디로 과학은 학자의 영역, 기술은 장인匠人의 영역이었다.

이런 영역 구분의 흔적은 증기기관과 열역학에 관한 다

음과 같은 민족주의적 속설에서도 확인된다. 알다시피 증기기관을 획기적으로 개량한 인물은 영국의 제임스 와트 James Watt였다. 그가 이뤄낸 증기기관의 실용화는 산업혁명에 불을 댕겼다. 그러나 와트는 증기기관의 작동 원리에 대해서는 깊이 아는 바가 없었고 그다지 관심도 없었다. 즉, '어떻게 열에너지가 역학적 에너지로 변환될 수 있는가?'라는 자못 고차원적인 질문은 세속적인 와트의 관심 밖이었다. 이 질문에 답하기 위해 열역학이라는 새로운 물리학 분야를 개척한 인물은 프랑스의 사디 카르노 Sadi Carnot였다.

중세 말기에 벌어진 백년전쟁에서 보듯이 영국과 프랑스는 오랜 앙숙이다. 지금도 서로를 깎아내리는 농담을 종종 즐기는 양쪽 민족이 와트와 카르노의 차이를 간과할 리 없다. 영국인은 실용을 추구한 와트를 추켜세우는 반면, 프랑스인은 현상의 바탕에 깔린 원리를 탐구한 카르노를 찬양한다. 프랑스인이 보기에 와트는 그저 행운으로 성공한 무식쟁이, 영국인이 보기에 카르노는 아무 쓸모도 없는 연구에 매달린 딸깍발이다. 여기에 민족주의적 감정이 보태져 영국인과 프랑스인의 차이에 관한 일반론이 제기되기도 하는데, 그런 속설은 그들끼리의 농담거리로 남겨두자.

과학과 기술의 구별을 전제하면, 와트는 기술자, 카르노는 과학자다. 그러나 오늘날의 현실대로 과학과 기술의 융합을 전제하면, 와트와 카르노는 둘 다 위대한 과학기술자다. 나는 둘째 전제를 옹호하는 편이다. 첫째 전제도 나름대로 정당하지만, 과학이 삶의 다른 분야들과 상호작용한다는 점, 과학과 기술이 삶이라는 더 큰 틀 안에서 활발히 교류한다는 점을 강조하려면 과학과 기술의 융합을 전제하는 편이 더 적절하다고 보기 때문이다.

과학을 순수하게 고립된 고차원적 정신 활동으로 바라보는 관점을 버리고 폭넓은 과학기술의 스펙트럼을 받아들이면, 한 걸음 더 나아가 과학기술과 상업의 동맹까지도 열린 마음으로 고려할 수 있게 된다. 과학을 존경하는 일부 독자들은 이렇게 과학과 기술과 상업을 뒤섞는 접근법을 상당히 못마땅하게 여길 수도 있겠다. 그러나 이 접근법은 우리의 삶 속에서 이루어지는 과학 곧 살아 있는 과학을 보게 해준다는 점에서 틀림없이 유익하다.

오늘날 과학과 기술과 상업의 융합이 엄연한 현실이라면, 혹시 과거 역사에서도 그런 융합의 사례를 찾을 수 있을까? 대표적인 사례로 레오나르도 피보나치 Leonardo Fibonacci

라는 중세의 인물을 지목할 수 있다.

피보나치는 흔히 '피보나치수열'과 관련해서 거론되지만, 이 인물의 업적은 피보나치수열 따위와는 비교할 수 없을 만큼 위대하다. 원래 이름이 '피사의 레오나르도'인 피보나치는 1202년에 『계산 책$_{Liber\ abbaci}$』을 써서 유럽에 인도 아라비아숫자와 그 숫자를 이용한 계산법이 보급되는 데 결정적으로 기여했다.

오늘날 세계적으로 공용되는 인도 아라비아숫자는 그 이름에서 짐작할 수 있듯이 인도에서 발생하고 이슬람 세계에서 발전했다. 1202년까지도 유럽에서는 로마숫자가 쓰였는데, 이 숫자는 계산에서 사용하기에 엄청나게 불편하다는 심각한 문제가 있었다. 덧셈과 뺄셈은 그런대로 가능했지만, 로마숫자를 가지고 곱셈을, 심지어 나눗셈을 하는 것은 불가능에 가까웠다. CXXXV(=135) 곱하기 XXVI(=26)을, 지금 우리가 135×26을 계산할 때처럼 간단한 기호 조작을 통해서 해낼 방법은 없다. 그러나 삶에서는 이런 계산이 숱하게 필요했고, 사람들은 손가락, 작대기, 조약돌, 주판 등을 이용하여 계산한 다음에 그 결과를 다시 로마숫자로 적었다.

1202년에 출간된 피보나치의 『계산 책』

그 시절에 계산이 절실히 필요한 사람들은 누구였을까? 당연히 장사꾼이었다. 실제로 피보나치의 『계산 책』은 장사꾼 독자를 겨냥한 작품임을 거기에 등장하는 연습문제들에서 알 수 있다. 주로 매매, 환전, 금액 계산에 관한 문제들이 다뤄진다. 피보나치는 청소년기에 당시 이슬람 세계의 일부였던 북아프리카에서 살면서 인도 아라비아숫자 시스템을 접했는데, 그 역사적 경험을 가능케 한 그의 아버지가 무역과 세무를 담당하는 공무원이었다는 사실도 짚어둘 만하다. 당시에 피사는 제노바, 베네치아와 함께 이탈리아의 무역을 주도하면서 북아프리카의 여러 곳에 진출했는데, 피보나치의 아버지는 그런 피사의 공무원으로서 현재의 리비아에 파견되어 현지 피사 시민들의 상업 활동을 지원하면서 아들을 그곳으로 불렀던 것이다.

요컨대 피보나치는 전통적인 수도원들과 막 생겨난 대학들에서 성서를 해석하고 그리스 문헌을 라틴어로 번역하는 일에 몰두하던 당대의 학자들과는 결이 사뭇 다른 인물이었다. 어쩌면 그렇게 학문적 전통으로부터 멀리 떨어진 인물이었기에 낯선 인도 아라비아숫자를 흔쾌히 수용할 수 있었을 것이다. 그의 『계산 책』을 환영하고 새로운 숫자를 신속하게 채택한 상인들도 마찬가지다. 이들을 '과학자'라고 부를 수는 없다. '과학기술자'라는 명칭도 부적절한 듯하다. 이들은 단지 생업을 위해 계산이 필요했기에 낯설지만 편리한 숫자와 계산법을 거리낌 없이 받아들인 장사꾼일 따름이다. 하지만 그들은 유럽 과학기술의 발전에 엄청나게 기여했다.

『수학자 피보나치 The Man of Numbers』의 저자 키스 데블린Keith Devlin은 피보나치를 빌 게이츠나 스티브 잡스에 빗댄다. 이들은 과학기술의 발전에서 장사꾼이 얼마나 큰 힘을 발휘할 수 있는지 보여주었다. 장사꾼의 힘을 되새기자는 뜻에서, 언급한 책의 한 대목을 인용한다. "레오나르도[피보나치]의 업적은 어느 모로 보나 1980년대에 개인용 컴퓨터 기술의 개척자들이 소수 전문가들만 사용하던 컴퓨터를 누구나 사용할 수 있게 만든 것에 못지않게 혁명적이었다. 그 개척자들의 경우와 마찬가지로, 레오나르도가『계산책』에서 서술한 기법들을 발명하고 발전시킨 공로의 대부분은 다른 사람들, 특히 인도와 아랍에서 여러 세기에 걸쳐 활동한 학자들의 몫이다. 레오나르도가 맡은 역할은 그 새로운 기법들을 포장해서 세상에 파는 것이었다."

기적의 해는 없다
역동적인 삶이 있을 뿐

 코로나바이러스 감염증의 창궐에 얇은 마스크 한 장으로 저항하며 버티고 버틴 세월이 어느새 저만치 멀어졌지만 기억은 여전히 생생하다. 물리학자 닐스 보어Niels Bohr가 "예측은 어렵다. 특히 미래에 대한 예측이 그러하다"라고 말했다는데, 코로나 대유행 앞에서 이 말을 씁쓸하게 곱씹은 사람들 중 한 명은 박식하고 인기 있는 저술가 유발 하라리Yuval Harari가 아닐까 싶다.

 하라리는 저서 『호모 데우스 — 미래의 역사Homo Deus』(히브리어 원서는 2015년 출판)에서 인류가 과거 수천 년 동안 극복하지 못했던 난제들로 기아, 역병, 전쟁을 언급했다. 그러나 근대에 이르러 이 난제들은 극복되기 시작했고, 20세기에는 관리 가능한 수준으로 제한되었으며, 이제 21세기는 소수의 상류층이 그 인류 보편의 성취에서 한 걸음 더 나아가 전대미문의 신神적인 지위에 오르려 애쓰는 것을 목격하게 되리라고 하라리는 예측했다.

물론 21세기가 시작된 지 고작 20년 된 때였지만, 코로나 대유행 당시에 상류층과 하류층을 막론한 인류는 노화와 죽음 자체를 극복하기 위한 신적인 사업에 몰두하기는커녕 바이러스라는 미물을 상대로 지루한 전쟁을 치러야 했다. 인류가 역병을 너끈히 관리할 수 있는 단계에 이르렀다는 자신감 넘치는 선언은 그저 선언에 불과한 것으로 드러났다. 우리는 다스릴 수 없는 역병 앞에서 오히려 우리의 일상을 관리해야 했다.

배우려는 마음가짐으로 사는 사람은 언제 어디에서나 교훈을 얻을 수 있을 것이다. 그러니 자문해보자. 마스크로 덮인 그 시절로부터 우리는 무엇을 배웠을까? 무엇보다도 우리는 일상의 허술함과 강인함을 새삼 깨닫지 않았나 생각한다.

우리의 일상을 둘러싼 보호벽은 황당할 정도로 허술했

다. 많은 젊은이가 일생의 꽃과도 같은 대학교 신입생 시절을 빼앗겼고, 피땀으로 올림픽을 준비해온 스포츠 선수들이 무력감에 빠졌으며, 식당을 운영하는 자영업자들이 생계의 위기에 처했다. 흡사 전쟁이었다. 일부 사람들은 새로운 비대면 문화를 옹호하고 권장했지만, 우리가 몸과 몸으로 만나 꾸려가던 일상을 화상회의로 대체하는 것은 애당초 무리였다.

다른 한편, 일상은 놀랄 만큼 강인했다. 젊은이들은 위험을 무릅쓰고 짝을 찾아 클럽에 드나들었고, 프로 스포츠는 관중석에 인형을 앉혀놓고라도 경기를 열었으며, 아이들은 성장하고 노인들은 더 늙었으며, 새로운 국회의원들이 등장했고, 세금고지서는 어김없이 날아왔다.

마치 객석에서 무대를 보듯 멀찌감치 떨어져 살펴보면, 우리의 일상은 늘 기아, 역병, 전쟁을 비롯한 난제들을 품은 채로 전개되어왔으며 앞으로도 그러하리라고 말하는 편이 더 적절할 듯하다. 마스크로 덮이든 말든, 우리의 일상은 허술하면서도 강인하게 이어진다. 이를 삶의 역동성이라고 부르자. 2020년대 초의 역병은 우리에게 삶의 역동성을 깨우쳐주었다.

혹시 과학사에서도 감염병의 유행으로 유명한 해가 있을까? 가장 먼저 1666년이 떠오른다. 뉴턴은 1642년에 태어나 1661년에 케임브리지 대학교에 들어갔다. 그런데 1665년, 그가 아직 학생일 때 케임브리지에 페스트가 퍼졌다. 대학교는 거의 2년 동안 폐교되었고, 뉴턴은 고향인 울스소프로 돌아갔다. 그리하여 뉴턴이 한적한 고향에서 맞이한 1666년을 많은 과학사 저자들은 "기적의 해"로 부른다. 주로 뉴턴의 평전을 쓴 그들은, 그해에 뉴턴이 중력을 발견했고, 미적분학을 발명했으며, 빛과 색에 관한 이론을 개발했다고 주장한다. 그러나 진지하게 과학사를 연구하는 학자들의 견해는 더 미묘하다. 생각해보면, 1666년 한해에 그 많은 업적이 한꺼번에 이루어졌다는 것은 진실이기에는 너무 드라마틱하지 않은가?

역사를 영웅담으로 서술하는 전통은 아주 오래되었으며 특히 과학사에서 더 심한 듯하다. 우리는 한 명의 영웅이 수많은 평범한 사람의 한계를 훌쩍 뛰어넘어 과학을 획기적으로 발전시켰다는 식의 이야기에 익숙하다. 영웅담은 발전의 과정도 짧은 기간으로 압축하기를 좋아한다. 1666년이 뉴턴이 이룬 기적의 해라면, 1905년은 또 다른 영웅 아인슈타인이 이룬 기적의 해다. 이 해에 아인슈타인은 광전효과를 설명하는 논문, 브라운 운동을 설명하는 논문, 특수상대성이론을 소개하는 논문을 잇따라 발표했다. 이 획기적인 논문들이 실물로 있다는 점에서 1905년은 1666년보다 더 내실 있는 "기적의 해"라고 할 만하다. 그러나 아인슈타인이 그 한 해에 그 모든 연구를 해냈다는 것이 과연 진실일 수 있겠는가? 무릇 결실은 오랜 과정의 산물이다. 영웅담이라는 역사 서술 방식은 대중적으로 인기 있을지언정 실상과 동떨어지기 십상이다.

1666년 낙향할 당시에 뉴턴은 이미 세계 최고 수준의 수학자였으며 과학에 관하여 누구 못지않게 박식했다. 그는 이미 중력의 개념에 도달했으며 달에 미치는 중력의 효과를 대략적으로 계산한 바 있었다. 프리즘을 이용한 광학 연구도 착수한 상태였고, 그 유명한 미적분학 연구도 상당히 진척되어 있었다. 더구나 1666년에 그가 이뤄낸 업적들은 흔한 영웅담이 주는 인상과 달리 완벽하지 않았다. 그 연구들은 뉴턴이 1667년에 케임브리지로 돌아온 후에 더 발전했으며 그의 일생 내내 미완성으로 남았다.

요컨대 뉴턴의 "기적의 해" 1666년은 알고 보면 충분히 평범했다. 한편으로 허술했으며, 다른 한편으로 강인했다. 우리가 코로나 대유행 시기에 꾸린 일상과 다를 바 없다. 뉴턴에게 고향 울스소프의 가족 농장은 안락하고 쾌적한 곳이 결코 아니었다. 그를 유복자로 낳은 어머니는 세 살 난 그를 조부모에게 맡기고 재혼하여 고향을 떠났다가 그가 열 살 때 또 다시 과부가 되어 씨 다른 동생들을 데리고 돌아왔다. 짐작하건대 다정하기 어려운 가족이었을 것이다. 불행인지 다행인지 농사에 재주가 없었던 뉴턴에게 유일한 활로는 공부였고 케임브리지 대학교 진학이었다.

그런 그가 마침내 도달한 케임브리지에서 페스트를 피해 어쩔 수 없이 돌아온 울스소프, 그 침울한 유년기의 삶터에서 맞은 1666년은 몹시 막막할 수도 있었을 것이다. 어쩌면 뉴턴도 일상이 얼마나 허술한지 실감하며 한숨을 내쉬었을지 모른다. 그러나 그는 하고 싶은 일을, 할 수 있는 한에서 계속했다. 그리고 작은 성과들을 착실히 거뒀다. 2020년대 초의 우리와 다를 바 없다. 기적도 없고, 영웅도 없다. 우리 모두의 역동적인 삶이 있을 뿐이다. 1666년이 기적의 해가 아니었던 것처럼, 코로나 대유행 기간도 재난의 날들일 리 없다.

과학자라는 한 '인간'
과학자와 철학자의 초상 사진

역사적 인물의 초상 사진이 오늘날 남아 있는지 여부는 진지한 학술적 관심사이기는 어려울지 몰라도 평범한 일상을 살아가는 사람들에게는 꽤 중요할 수 있다. 그림으로만 볼 수 있는 인물은 아무래도 비현실적으로 다가오는 반면, 사진으로 만나는 인물은 사뭇 현실적이고 심지어 동시대인처럼 느껴지니까 말이다.

이 글의 출발점은 영국 과학자 존 허셜John Herschel이 1867년에 촬영한 한 장의 사진이다. 존 허셜은 과학사에서 더 유명한 윌리엄 허셜William Herschel의 아들이다. 원래 독일에서 활동하던 윌리엄 허셜은 영국으로 이주하여 본업인 음악가 생활을 이어가면서 부업과 취미로 망원경 제작과 천문 관측을 시작했다. 그러다가 점점 더 천문학에 공을 들이게 되었고, 마침내 1781년에 천왕성을 발견하여 과학사를 넘어 인류 역사에 뚜렷한 발자취를 남겼다.

수성, 금성, 화성, 목성, 토성이 있다는 사실은 인류 역사의 시초부터 알려져 있었다. 밤하늘에서 계속 위치가 바뀌기 때문에 눈에 띨 수밖에 없는 이 다섯 개의 행성은 고대 이래로 인류의 세계관에서 중요한 역할을 했다. 한 예로 요일들의 이름을 들 수 있는데, 그 이름들은 이 다섯 개의 행성들과 태양(일요일)과 달(월요일)에서 유래했다. 일주일이 딱 7일인 것과 마찬가지로, 하늘의 주인공들은 딱 일곱 개, 그 중에 행성은 딱 다섯 개라고 사람들은 믿었다.

그러나 아마추어 천문학자 윌리엄 허셜이 여섯 번째 행성을 발견하면서, 수천 년을 이어온 그 확고한 믿음은 보기 좋게 깨졌다. 세계 그 자체에 합리적 의미가 내재하고, 곰곰이 궁리하면 그 의미를 고스란히 파악할 수 있다는 계몽주의적 세계관에 돌이킬 수 없는 균열이 나는 순간이었다.

태양과 수성 사이의 거리(태양-수성 거리)를 1이라고 하면, 대략적으로 태양-금성 거리는 2, 태양-지구 거리는 4,

존 허셜의 초상 사진. '청사진'으로 불리는 사진 기술이 그의 발명품이다. 1867년 4월에 촬영한 네 장의 사진 중 허셜은 이 사진을 가장 좋아했는데, 그가 생각하기에 그를 '늙은 가장'으로 묘사했기 때문이라고 전해진다.

태양-화성 거리는 8이다. 이렇게 행성들까지의 거리가 등비수열의 패턴으로 증가하기 때문에, 토성 너머의 천왕성이 발견된 것은 태양계가 두 배로 확장된 것을 의미한다. 요컨대 1781년의 천왕성 발견으로 세계는 치밀하고 이해하기 쉬운 질서를 잃은 대신에 훨씬 더 크고 복잡해졌다.

오늘날 윌리엄 허셜의 모습은 초상화로만 남아 있다. 반면에 앞서 언급한 대로 윌리엄의 아들 존은 초상 사진을 남겼다. 존 허셜은 수학, 천문학, 화학을 비롯한 여러 과학 분야에 정통했으며 사진 기술의 발전에도 크게 기여했다. 흔히 '청사진'으로 불리는 사진 기술이 그의 발명품이다.

최초의 사진은 1822년경에 촬영되었지만, 당시의 사진 기술은 아주 긴 노출 시간을 필요로 했기 때문에는 고정된 풍경밖에 찍을 수 없었다. 그러나 루이 다게르가 노출 시간을 몇 분으로 줄인 이른바 '다게레오타이프daguerreotype' 기술을 1837년에 완성함으로써 인물 촬영의 가능성이 열렸다. 인물이 몇 분 동안만 가만히 있으면, 그의 초상 사진을 제작할 수 있게 된 것이다. 그 후 기술이 더 발전하면서 1850년대부터 인물 사진이 획기적으로 증가하게 된다.

1867년에 촬영된 존 허셜의 초상 사진으로 돌아가자. 그보다 더 앞선 과학자 사진은 없을까? 1850년대부터 인물 사진이 많이 촬영되었다면, 더 앞선 과학자의 초상 사진도 남아 있을 법하다. 아니나 다를까, 마이클 패러데이Michael Faraday가 1861년경에 촬영한 사진을 온라인에서 쉽게 발견할 수 있다. 전자기 유도를 발견하고 전기장의 개념을 제안한 업적으로 유명한 마이클 패러데이는 대중에게 과학을 설명해주는 크리스마스 강연을 시작한 인물이기도 하다.

내친김에 과학계 바깥도 살펴보자. 중요한 철학자들의 초상 사진은 어떨까? 천왕성이 발견된 해인 1871년에 『순수이성비판Kritik der reinen Vernuft』을 출판하여 위대한 철학자의 반열에 오른 칸트는 초상화만 남겼고, 그의 손자뻘인 헤겔도 초상화가 전부다. 하지만 그 직후부터 달라진다. 헤겔보다 다섯 살 어리지만 학계에서 더 일찍 성공한 친구 셸링은 1848년에 '다게레오타이프' 사진을 촬영했다. 평생 유복하게 살면서도 세상에 대해 몹시 비관적이었던 쇼펜하우어는 역시나 부자답게 초상 사진을 여러 점 남겼는데, 1846년에 촬영한 것이 가장 이른 작품으로 보인다. 이들보다 한참 후배인 니체는 당연히 많은 사진을 남겼는데, 주목할 만한 것은 1882년에 루 살로메Lou Salomé, 파울 레Paul Rée와

마이클 패러데이. 1850년대 촬영.

프리드리히 셸링. 1848년 촬영.

아르투어 쇼펜하우어. 1859년 촬영.

프리드리히 니체(오른쪽). 1882년 촬영. 작가이자 정신분석작자인 루 살로메(왼쪽)와 니체의 친구인 파울 레(가운데)와 함께 찍은 사진. 당시 40세에 가까웠던 니체는 21세의 루 살로메를 짝사랑했다.

함께 찍은 작품이다. 당시 40세에 가까웠던 니체는 21세의 루 살로메를 짝사랑했다. 그 짝사랑을 짐짓 외면하려는 듯, 사진 속 니체의 얼굴은 엉뚱한 쪽으로 향해 있다.

그러니까 과학자와 철학자의 사진이 촬영되기 시작한 것은 1850년대부터라고 결론지을 수 있겠는데, 그 시기는 빅토리아 시대의 초기이며, 빅토리아 시대의 대표적인 특징은 자본주의의 급성장, 제국주의, 성性에 대한 억압, 인간 내면의 이중성 등이다. 소설 『지킬 박사와 하이드 씨』는 빅토리아 시대 사람들의 이중성을 묘사한 작품이다.

앞서 우리는 초상 사진이 인물을 더 현실적이고 동시대적으로 느끼게 만든다고 전제했다. 누구나 동의할 만한 전제지만, 그렇다고 사진이 진실을 고스란히 보여준다는 뜻은 결코 아니다. 회화와 사진은 모두 시각적 매체이며, 무릇 매체는 온전한 진실의 일부만 전달한다. 이 글에서 언급한 모든 사진은 전통적인 회화를 무척 닮았다. 왜 아니겠는가? 당시에 사진을 찍은 사람은 거의 예외 없이 자신이 초상화 속의 역사적 인물처럼 보이기를 바랐을 것이다. 한참 더 나중에 촬영된, 아인슈타인이 혀를 쑥 내민 모습으로 나오는 유명한 사진도 진실의 일부만 보여주기는 마찬가지다. 아인슈타인은 그렇게 파격적이기만 했을까? 전혀 그렇지 않다. 양자역학 앞에서 그는 완고한 보수주의자였다.

2차 세계대전 이후의 독일 회화를 대표한다고 평가받는 게르하르트 리히터Gerhard Richter는 사진과 회화를 뒤섞는 독창적인 기법으로 유명하다. 그의 많은 작품은 흐릿한 사진 위에 물감을 마구 칠해놓은 형태다. 혹시 사진은 현실적이고 회화는 비현실적이라는 이분법적 통념을 뒤엎기 위해 그런 기법을 고안한 것일까? 정확한 내막은 알 수 없으나, 그의 작품들이 사진의 회화성을 도드라지게 한다는 점만큼은 분명해 보인다.

우리는 어떤 매체를 통해 과학과 과학자를 만날까? 주요 매체로 교과서, 회화, 사진을 들 수 있을 성싶다. 교과서는 명쾌한 결론과 깔끔한 질서를, 회화는 위대함과 불멸을 강조한다. 이들 매체가 진실의 일부만 보여주는 것과 마찬가지로 사진도 고유한 편향에서 자유로울 수 없겠지만, 그래도 과학자의 초상 사진은 과학자를 현실 속의 한 인간으로 보게 해준다는 점에서 우리에게 요긴한 매체다. 존 허셜과 패러데이의 사진을 응시하노라면, 코페르니쿠스, 갈릴레오, 뉴턴의 사진이 없다는 사실이 새삼 아쉽게 느껴진다.

젊음을 향한 성숙

피카소의 젊음과 과학의 진정한 성숙

파블로 피카소Pablo Picasso의 작품들을 시대순으로 보여주는 한 전시회에서 중년의 여성 관람객이 마침 현장에 있던 작가에게 갸우뚱거리며 물었다. "초기 작품들은 짜임새가 좋고 차분하고 모든 면에서 완벽한데, 나중 작품들은 경솔하고 제멋대로예요. 거꾸로 되어야 맞는 것 아닐까요?" 피카소는 이렇게 대답했다. "여사님, 잘 모르시나 본데, 젊어지려면 아주 긴 세월이 필요합니다."

"젊어지려면 아주 긴 세월이 필요하다"로 간결하게 인용되곤 하는 피카소의 명언이 탄생한 맥락인데, 입에서 입으로 전해진 에피소드여서 실제 사실과 다른 부분도 있을 것이다. 아무튼 눈길을 끄는 것은 피카소가 말한 젊음(혹은 어림)과 그 평범한 관람객이 기대한 성숙함의 뚜렷한 대비다. 대체 젊음은 무엇이고, 성숙했다는 것은 무엇일까?

우리 대다수와 마찬가지로 그 관람객은 작가가 성숙하면 작품이 차분해지고 완벽해진다고, 바꿔 말해 젊음의 치기稚氣로부터 멀어진다고 생각한다. 그러나 피카소는 정반대로 자신이 아주 긴 세월을 거쳐 비로소 젊음에 이르렀다고 말한다. 피카소에게 성숙은 젊음에서 멀어지는 과정이기는커녕 오히려 젊음에 다가가는 과정이다. 그런 성숙의 과정을 거쳐 비로소 젊음에 이른 피카소는 아이가 그린 것 같은 그림들을 그렸다.

예술적 성숙의 특수성을 고려하면 피카소의 명언을 비교적 쉽게 수긍할 수 있겠지만, 혹시 피카소는 예술적 성숙뿐 아니라 우리가 삶에서 겪는 모든 성숙을 염두에 두고 저 명언을 한 것일까? 무릇 성숙은 자유분방한 젊은이나 철없는 어린이로 되는 과정이라고 말하는 것일까? 철학자 니체의 다음과 같은 문장은 성숙을 통해 비로소 젊음에 이르는 것이 예술가만의 엉뚱한 특징이 아님을 일깨운다. "어른으로 성숙했다는 것은 어릴 적 놀이할 때 품었던 진지함을 되찾았다는 것이다." 보라, 철학자도 같은 취지로 성숙을 이야기한다.

이쯤 되면, 젊을 때는 계곡의 급류와 폭포처럼 거침없이 내달리고 부서지고 휘몰아치지만, 더 성숙하면 바람 없는 날의 호수처럼 고요해진다는 우리의 통념을 재고할 필요가 있지 않을까? 그렇게 젊음을 불안정과 짝짓고 성숙함을 안정과 짝짓는 우리의 통념은 어쩌면 피카소와 니체가 말한 성숙의 진면목을 가리는 장막일지도 모른다.

미술가의 말, 그리고 시인에 가까운 철학자의 말에만 의지하기는 좀 불안하므로, 시선을 대폭 돌려 과학으로 향하자. 혹시 과학에 대해서도 성숙을 이야기할 수 있을까? 성숙한 과학과 미성숙한 과학을 나눌 수 있을까? 흥미롭게도 과학철학의 주요 쟁점인 과학적 실재론을 둘러싼 토론에서 "성숙한 과학"은 꽤 중요한 개념으로 등장한다.

조금 단순화해서 말하면, 과학적 실재론자는 과학이 정답에 도달하거나 최소한 접근해야 한다고 믿는다. 이 맥락에서 주로 실재론자들이 거론하는 "성숙한 과학"이란 정답에 도달한 과학, 또는 정답에 상당히 접근한 과학이다. 그런 과학은 통일성과 안정성을 지녔다. 정답이 단 하나일 테니까 통일성이 보장되고, 어떤 논의도 정답 근처를 맴돌 테니까 높은 수준의 안정성이 확보된다. 반면에 미성숙한 과학이란 아직 정답에서 한참 멀리 떨어진 채로 이리저리 헤매고 중구난방으로 떠드는, 실은 '과학'이라고 부르기도 곤란한 암중모색이다. 과학적 실재론자들은 이런 미성숙한 과학을 논의에서 배제하고 성숙한 과학만 주목하자고 제안하는 경향이 있다.

이는 아마도 안정성과 통일성을, 바꿔 말해 근사적으로 정답을 알고 있음을 과학의 본질적 조건으로 간주하기 때문일 텐데, 성숙한 과학에 대한 이 같은 견해는 앞서 피카소의 명언과 관련하여 언급한 평범한 관람객의 성숙한 예술에 대한 견해와 쌍둥이처럼 닮았다. 그 관람객이 성숙의 조건으로 댄 좋은 짜임새, 차분함, 완벽함은 다름 아니라 통일성과 안정성이 아닌가.

많은 사람의 통념 속에서 성숙은 방황을 끝내고 정착하는 것을 함축함을 부인할 수는 없으리라. 그런 성숙은 서정주 시인이 "그립고 아쉬움에 가슴 조이던/ 머언 먼 젊음의 뒤안길에서/ 인제는 돌아와 거울 앞에 선/ 내 누님"에게서 본 성숙이기도 하다. 그러나 피카소와 니체가 말하는, 젊음을 향한 성숙, 자유를 향한 성숙, 거침없는 춤을 향한 성숙도 틀림없이 우리의 심금心琴을 울린다고 나는 느낀다. 어쩌면 진정한 성숙은 전자가 아니라 후자, 안정적인 굳어짐을 향한 성숙이 아니라 예측 불가능한 유연성을 향한 성숙이 아닐까?

놀랍게도, 진정한 성숙이란 바로 그런 유연성을 향한 성숙이라는 주장을 예술철학이 아니라 과학철학에서 제기하는 인물이 있으니, 바로 장하석이다. 물론 그가 앞세우는 용어는 유연성이 아니라 "겸허함humility"이지만, 나는 그가 말하는 성숙에서 피카소의 젊음을 자연스럽게 연상한다. 정답에 도달하거나 접근해야 한다는 집착을 버리고 매 순간의 탐구에서 거두는 작은 성과에 감사하는 "겸허한" 과학자는, 어떤 틀에도 갇히지 않는 젊음을 표출하는 미술가와 썩 잘 어울리지 않는가! 피카소는 대인관계에서 겸허한 인물이 전혀 아니었지만, 유일무이한 궁극의 아름다움 따위를 내세우지 않고 온갖 아름다움들을 적극적으로 실험했다는 점에서, 장하석이 권하는 겸허함의 화신이었을 수도 있다. 속된 말로 그는 '꼰대'가 아니었다. 유연성, 겸허함, 방황을 마다하지 않는 젊음은 소위 '꼰대'와 상극이라는 점에서 서로 맥이 통한다.

무릇 성숙은 안정성과 통일성을 향해 나아가는 과정이라는 우리의 통념은 '정답'이라는 허튼 관념과 밀접한 관련이 있는 듯하다. 정답이 있고, 정답을 움켜쥘 수 있으며, 꼭 움켜쥐어야 한다는 생각을 떨쳐내기는 그리 쉽지 않다. 그러나 웬만큼 살아보면 다들 깨닫듯이, 인생에 정답 따위는 존재하지 않는다! 심지어 과학에도 정답 따위는 존재하지 않으며, 오히려 정답에 대한 집착이 과학의 생산성을 해친다고 장하석은 설득력 있게 논증한다(『물은 H_2O인가』 참조). 마지막으로 니체의 말을 되새기자. "어릴 적 놀이할 때" 우리는 배고픈 줄도 모를 만큼 "진지"하면서도 마냥 즐거웠고, 놀이에 어떤 거창한 의미도 부여하지 않았다는 점에서 겸허했으며, 정답 따위에 아랑곳하지 않았다. 그때의 진지함을 되찾는 것이 진정한 성숙이다.

앎의 공유
특허를 포기한 마리 퀴리

 물리학의 역사를 통틀어 가장 유명하다고 할 만한 단체 사진은 1927년 브뤼셀에서 열린 5차 솔베이 회의에서 촬영되었다. 당대의 내로라하는 물리학자 29명이 세 줄로 늘어서 사진을 찍었는데, 그 가운데 무려 17명이 노벨상 수상자다.

 아인슈타인의 얼굴을 모르는 사람은 드물 터이므로, 대다수 사람에게는 앞줄 중앙에 앉은 그 유명한 물리학자가 가장 먼저 눈에 띄겠지만, 과학과 전혀 인연이 없는 사람들의 눈에는 단 한 명뿐인 여성이 돋보일 성싶다. 앞줄 왼쪽에서 세 번째, 아인슈타인으로부터 한 칸 건너 왼쪽에 마리 퀴리Marie Curie가 앉아 있다. 당시에 이미 60세인 그녀의 머리카락은 새하얗다.

퀴리 부인의 당당한 자세는 당대 물리학계뿐 아니라 물리학의 역사 전체에서 그녀가 차지한 지위를 웅변하는 듯하다. 폴란드에서 태어나 파리에서 공부하고 노벨상을 두 번이나 받은 퀴리 부인의 삶에 대해서는 수많은 이야깃거리가 있지만, 이 글에서 주목하려는 것은 그녀의 특허 포기다.

부부 사이인 피에르 퀴리Pierre Curie와 마리 퀴리는 1898년에 라듐을 발견하고 연구하기 시작하여 1902년에 그 원소의 원자량을 알아냄으로써 연구를 완료했다. 마리 퀴리의 박사학위논문을 위해 시작한 연구였는데, 결국 그 연구가 그녀에게 최초의 여성 노벨물리학상 수상자라는 명예를 안겨주었다. 여성 과학자가 거의 없으며 있더라도 홀대받는 당대의 분위기 때문에 우여곡절을 겪은 끝에 퀴리 부부가 스톡홀름에서 노벨상 메달을 목에 건 것은 1903년이 저물어갈 무렵이었다. 그러나 그보다 먼저 퀴리 부부는 특허에 관한 중대 결정을 내려야 했다.

1903년 6월의 어느 일요일, 피에르 퀴리는 라듐 생산에 관한 세부적인 문의를 해온 미국 기술자들에게 편지를 써

1927년 제5차 솔베이 회의. 유일하게 여성 과학자로 마리 퀴리가 있다.

서 마리와 자신이 아는 라듐 정제에 관한 모든 지식을 알려주었다. 우발적으로 한 행동이 아니었다. 이미 퀴리 부부는 자신들의 발견으로부터 금전적 이익을 취하는 것은 과학의 정신에 반한다는 판단을 내린 상태였다. 『퀴리 가문The Curies』의 저자 데니스 브라이언Denis Brian에 따르면, 그렇게 "경제적 이익을 포기하자는 돌이킬 수 없는 결정을 내리고 15분 후에 퀴리 부부는 자전거를 타고 클라마르 숲으로 가서 야생화를 땄다".

경제적 이익에 대한 초연함은 퀴리 부부뿐 아니라 이들보다 2년 먼저 최초의 노벨물리학상을 받은 빌헬름 콘라트 뢴트겐Wilhelm Conrad Röntgen도 실천한 덕목이다. 엑스선을 발견하고 엑스선 촬영을 성공적으로 실험한 뢴트겐은 그 촬영 기술로 특허를 신청하지 않았다. 덕분에 의사들과 사업가들은 자유롭게 엑스선을 활용할 수 있었지만, 정작 뢴트겐 본인은 돈을 내고 엑스선 촬영을 해야 했고 73세에 가난한 노인으로 생을 마쳤다. 앞서 언급한 사진이 웅변하듯이, 마리 퀴리의 말년은 그렇게 쓸쓸하지 않았다. 그러나 만약에 그녀가 라듐 정제 공정으로 특허를 받았다면 어땠을까? 아마도 죽는 날까지 세계 최고 부호의 반열에 올랐을 것이 틀림없다.

뢴트겐과 퀴리 부부의 영웅적 초연함은 존경심을 자아내지만 특허와 과학이 뗄 수 없게 얽힌 오늘날의 관점에서는 마냥 칭송하기만 할 것도 아니다. 지금 과학 연구를 추진하는 동력의 상당 부분은 특허 취득의 욕망에서 나온다는 점을 누가 부인할 수 있겠는가. 오늘날 특허 포기는 모범적인 덕목이 아닐 수도 있다. 많은 자원과 노력이 투입된 연구에 대한 보상으로서의 특허는 과학의 발전을 위한 촉매로서 정당할뿐더러 어떤 의미에서 필수적이니까 말이다.

그러나 철학의 관점에서 보면, 앎은 반드시 공유되어야 한다. 플라톤은 앎을 '정당화된 참인 믿음'으로 정의하는데, 이 정의에 포함된 '참임'이라는 조건이 실재 세계와 관련이 있다면, '정당화됨'이라는 조건은 앎의 공유와 직결된다. 정당화된 앎이란 타인들도 수긍하고 공유한 앎이다. 오직 혼자만 간직한 앎은 '참인 믿음' 혹은 '유효한 믿음'일지언정 엄밀한 의미의 '앎'은 아니다. 이 같은 앎의 정의는 오늘날의 과학계에서도 통용된다. 과학자는 새로운 앎을 획득했다고 자부할 때 논문을 써서 동료들의 심사를 받고 출판함으로써 앎의 정당화와 공유의 절차를 밟는다.

하지만 일반적으로 앎은 '정당화된 참인 믿음'으로서의 면모 외에 정반대의 면모도 지닌 듯하다. 즉, 우리의 어휘에서 앎은 때때로 '비결秘訣'의 성격을 띤다. 어쩌면 이것이 대중에게 더 친숙한 앎의 이미지일 것이다. 비결의 생명은 독점에 있다. 공유된 비결은 비결이 아니다.

그렇다면 앎의 스펙트럼을 생각해볼 수 있지 않을까? 스펙트럼의 한쪽 극단에는 공유가 생명인 앎, 예컨대 철학과 수학의 앎이 위치할 테고, 반대쪽 극단에는 독점이 생명인 앎, 예컨대 새로운 발명품의 핵심 메커니즘에 관한 앎이 위치할 터이다. 특허와 어울리는 것은 당연히 후자, 곧 비결로서의 앎이다.

그런데 특허 제도를 자세히 살펴보면, 앎의 공유라는 전통적인 조건이 그 제도에서도 중요하게 작용한다는 점을 알게 된다. 특허는 비결을 공개하는 대가로 일정 기간 동안만 보장해주는 독점권이다. 나만의 비결을 나만 간직한 채로 특허를 받을 수는 없다. 특허를 신청한다는 것은 비결을 공개하겠다는 의사 표시다. 이처럼 공유는 앎의 본질적 조건이라는 플라톤의 생각은 특허 제도 안에서도 타당하다.

마리 퀴리가 발견한 라듐 정제 공정은 앎의 스펙트럼에

서 어디쯤에 위치할까? 아마도 기술적인 세부 사항들이 중요할 테니, 그 앎은 비결에 가까울 것이다. 그러므로 그녀는 당당히 특허를 받을 만했고. 그럼에도 특허를 포기했으니, 확실히 보기 드문 위인이다. 퀴리 부인의 특허 포기는 박수를 받을 만하다. 또한 사생활을 희생하면서까지 연구에 몰두한 과학자와 소속 기관이 특허를 취득하는 것 역시 박수를 받을 만한 일이다.

앎의 기여도
제임스웹 사진들과 칸트

2022년 여름, 과학 언론의 관심을 사로잡은 최고의 사건은 필시 제임스웹 우주망원경이 촬영한 첫 사진들과 한국어가 모어인 허준이 교수의 필즈상 수상이었다. 그중에서도 대중의 감탄을 자아낸 화려한 사건은 단연 우주망원경의 천연색 사진들이었다. 어떤 의미에서 수학자는 처지가 몹시 불리하다. 사진 한 장이 백 마디 말을 대신할 수 있다는데, 자신의 업적을 그런 사진으로 보여주기가 거의 불가능하기 때문이다. 더구나 지금은 영상의 시대, 유튜브의 시대가 아닌가. 허준이 교수의 업적을 정신의 눈으로 알아볼 만큼의 재능과 경험을 갖춘 수학자들에게, 또 그 업적을 대중에게 설명하기 위한 그들의 장한 노력에 경의를 표한다.

시대의 흐름을 타고 순항하는 것은 제임스웹이 보내온 사진들이다. 누가 봐도 경이롭고 환상적인 그 광경들은 전문적인 천문학자부터 과학에 관심이 없는 문외한까지 거의 모두를 감동시켰다. 우리 사회가 원체 우주를 사랑한다. 교양 과학 출판계에서 가장 많이 팔리는 주제 중 하나가 우주다. 칼 세이건Carl Sagan의 『코스모스Cosmos』가 우리나라에서 초장기 베스트셀러의 자리를 지키고 있다는 점을 생각해보라. 한국어 사용자들이 큰 규모를 좋아하는 성향이 있어서라는 설도 있고, 우주를 논하다 보면 자연스럽게 그림들을 듬뿍 집어넣을 수 있어서라는 설도 있는데, 나는 후자를 지지하는 편이다. 눈에 보이는 화려함! 이 막강한 장점에서 우주를 능가할 수 있는 과학적 주제가 과연 있겠는가? 숭고하다는 느낌마저 자아내는 태풍의 엄청난 움직임이나 광활한 열대우림의 호흡조차도, 여러 은하가 새끼손톱만 하게 포착된 제임스웹의 심深우주 사진 앞에서는 머쓱해진다. 거의 138억 년을 날아온 태초의 빛 앞에서는 오직 침묵만이 적절하다. 숭고하다는 표현마저도 오히려 폐가 된다.

하지만 감동을 잠시 제쳐두고 냉철하게 물어보자. 방금 나는 제임스웹이 사진들을 촬영했다거나 보내왔다는 표현을 아무렇지도 않게 사용했는데, 그 표현들은 과연 정당할까? 서둘러 결론부터 말하면, 전혀 정당하지 않다! 제임스웹은 근적외선(정확히 말하면 파장 0.75~3.0마이크로미터의 빛, 그러니까 빨간색 가시광선 근처부터 우리 눈에 전혀 보이지 않는 적외선까지)을 포착하도록 제작된 망원경이다. 그러니까 제임스웹이 포착한 빛 신호를 그대로 우리 앞에 들이대면, 우리 눈에는 대체로 컴컴하고 드문드문 붉은색 얼룩이 있는 광경만 보이게 된다.

그렇다면 전 세계의 과학 언론을 점령하고 우리를 감동시킨 그 천연색 사진들은 제임스웹이 포착한 우주의 모습 그대로가 아니라 우리가 온갖 기술을 동원하여 색깔을 입힌 가공품이란 말인가? 정확히 그러하다! 이번에 공개된 사진들은 이미지 처리 전문가 30명으로 이루어진 팀이 제임스웹이 보내온 데이터를 근거로 만들어낸 작품들이다. 우리가 등산길에 예쁜 야생화를 보고 스마트폰을 꺼내 촬영한 사진과 제임스웹 우주 사진 사이에는 커다란 간극이 있다. 제임스웹은 우주에서 오는 근적외선 신호들을 포착하고 파장대에 따라 분류하여 몇백만 킬로미터 떨어진 지구로 보내준다. 그러면 지상의 과학자들과 기술자들이 그 원천 데이터를 몇 주에 걸쳐 가공하여 화려한 천연색 영상으로 만든다.

이쯤 되면, 눈살을 찌푸리면서 이렇게 묻고 싶은 분도 있을 것이다. '그럼 그 사진들 다 가짜잖아?' 만약에 당신이 어떤 처리나 가공도 거치지 않은 원천 데이터만을 진짜로 간주한다면, 제임스웹 사진들은 가짜가 맞다. 그러나 확언하건대 당신은 진짜와 가짜를 그런 기준으로 구별할 리 없다. 주어진 원천 데이터에 대한 가공은 우리의 일상적 인지 과정에서도 늘 이루어지는 작업이기 때문이다. 애당초 이 작업이 없으면 인지는 불가능하다. 매 순간 온갖 감각 신호가 봇물처럼 쏟아져 들어오는 상황에서, 우리가 미리 정한 가중치에 따라 신호들을 분류하고 잡음을 걸러내는 작업을 하지 않는다면, 우리는 마치 정오의 태양을 똑바로 응시하는 사람처럼 아무것도 보지 못하게 될 것이다. 우리는 주목할 신호들을 미리 정하고 그것들을 우리가 쉽게 다룰 수 있는 형태로 변환해야 한다. 제임스웹의 이미지 처리도 이와 다를 바 없다.

그 이미지 처리의 핵심은 적외선 영역의 빛을 가시광선 영역으로 옮기기, 그러니까 일종의 조옮김이다. 음악회에서 테너 가수의 몸 상태가 좋지 않아 지독한 고음이 나오는 노래를 반음이나 한음 낮춰 연주했다면, 당신은 그 연주를 사기라고 비난하겠는가? 그건 너무 심한 비난일 것이다. 그러나 그런 조옮김은 일종의 편법이라는 지적도 여전히 일리가 있다. 무슨 말이냐면, 제임스웹 사진들을 완성하기 위한 이미지 처리는, 적어도 그 사진들을 스마트폰 사진과 똑같이 간주해온 순박한 일반인들에게는, 느닷없는 조작으로 느껴질 만하다. 그들의 감동은 급랭할지도 모른다. '난 보이는 그대로인 줄 알았어. 그런데 아니라니……'

이 대목에서 논의를 철학의 수준으로 심화할 필요가 있다. 나는 과학을 우리와 자연의 공동작품으로 이해한다. 더 일반적으로, 우리의 앎과 삶도 우리와 자연의 공동 작품이다. 굳이 공동작가들의 기여도를 따지고 싶다면, 우리의 몫이 절반, 자연의 몫이 절반이라고 보면 공정할 듯하다. 앎에 이를 때 우리는 자연이 불러주는 대로 받아적는 어린아이처럼 굴지 않는다. 우리는 예측하고 관찰하고 실험하면서 자연에 질문하고, 성공적일 경우 자연으로부터 명확한 대답을 듣는다. 자연의 대답은 결정적인 성분이지만, 우리의 자발적 탐구 활동 역시 불가결한 성분이다. 이 글에서 다룬 제임스웹 사진들도 우리와 자연의 공동 작품이다. 우리가 제임스웹 망원경을 우주로 쏘아 올렸고, 화려하고 다채로운 사진으로 완성될 만한 광경들을 물색하고 선정하여 그 방향으로 망원경을 조종하여 작동시켰고, 자연은 근적외선 신호들로 응답했으며, 우리는 다시 그 신호들을 처리하여 아름다운 사진들을 완성했다. 우리와 자연이 함께 그 사진들을 제작했다.

앎이 우리와 자연의 공동 작품이라는 생각은 대표적인 근대철학자 칸트와 그를 계승한 헤겔에게서 가장 뚜렷하게 나타난다. 특히 헤겔은 앎뿐 아니라 삶에도 적용되는 이 '공동 작품의 원리'를 깨달은 의식을 '이성'이라고 부른다. 이성적인 사람은 자신의 앎과 삶이 자신과 타자(타인, 자연)의 공동 작품이라고 확신한다. 더 앞선 칸트의 생각은 겉보기에 더 소박하나 실은 더 근본적이어서 아무리 곱씹어도 지나치지 않다. 나는 제임스웹 사진들을 보며 칸트를 떠올렸다. 『순수이성비판』에서 공동 작품의 원리가 거론되는 결정적인 대목을 인용하며 글을 마무리하고자 한다.

갈릴레이가 스스로 선택한 무게의 공들을 경사면에 굴렸을 때, (……) 한 줄기 빛이 모든 자연과학자에게 비추었다. 이성은 오로지 이성 자신이 자신의 설계에 따라 산출한 것만 통찰한다는 것, (……) 이성은 한 손에 자신의 원리들을(그 원리들에 따르면, 오로지 법칙들에 부합하는 현상들만 유효할 수 있다), 다른 손에 그 원리들에 따라 스스로 고안한 실험을 쥐고 자연에 다가가야 한다. 이는 물론 자연으로부터 가르침을 얻기 위해서지만, 이성은 선생이 바라는 대로 모든 것을 받아 적는 학생의 태도로 그렇게 하는 것이 아니라, 증인들에게 질문을 던지고 대답을 요구하는 준엄한 재판관의 태도로 그렇게 해야 한다. (……) 이성이 자연으로부터 배워야 하는(이성 혼자서는 전혀 알 수 없을) 것을 (날조하여 자연에 덮어씌우지 말고) 이성 자신이 자연에 집어넣는 것에 맞게 자연 안에서 찾아내야 한다는 것이다.

# 2장

과학은 모험

어둠에서 빛의 시대로
파리의 가로등

 문헌 기록을 기준으로 말하면, 유럽 최초의 가로등은 1667년 파리에 설치되었다. 곧이어 암스테르담(1669년), 함부르크(1673년), 토리노(1675년), 베를린(1682년), 코펜하겐(1683년), 런던(1684)의 길거리에서도 인공조명이 빛나기 시작했다(『밤을 가로질러』 참조). 물론 최근에 LED로 바뀌는 중인 우리 곁의 가로등만큼 찬란했을 리는 없다. 우리 사찰의 석등처럼 네모난 틀 안에서 처음엔 촛불이, 나중엔 기름 불과 가스 불이 타오른 것이 전부였다.

 1667년이면 스피노자가 사망하면서 대표작 『윤리학 $Ethica$』을 출판한 때로부터 10년 전, 뉴턴의 『프린키피아

Principia』가 출판되기 20년 전이다. 왜 역사는 바로 그 해를 가로등의 탄생 시점으로 선택했을까? 역사적 사건의 원인들을 빠짐없이 열거하려는 것은 당연히 무모한 시도일 테지만, 한번 재미 삼아 대답을 시도해보자.

유럽의 17세기는 과학사에서는 과학혁명의 곡선이 뉴턴이라는 정점을 향해 가파르게 상승하던 때였지만, 더 큰 맥락에서는 이른바 '근대'의 출발점이었다. "나는 생각한다, 고로 존재한다"라는 유명한 문장으로 우리의 집단 기억에 각인된 데카르트(1596~1650)가 바로 17세기 전반기를 대표하는 철학자다. 역사학자 겸 철학자 미셸 푸코도 17세기를 중시한다. 그에 따르면, '인간'이라는 개념은 17세기부터 19세기까지의 인간과학들에 의해 구성되었다. 물론 받아들이기 어려운 주장이지만, 인간에 대한 관심이 근대에 더 두드러진다는 것만큼은 명백한 사실이다.

같은 17세기지만 그 전반기와 후반기는 사뭇 달랐다. 전반기는 어둠, 후반기는 밝음이었다고 해도 과언이 아니다. 중부 유럽은 1648년까지 30년 전쟁의 참상을 겪었다. 게다가 지금과 정반대로 이른바 소빙하기의 영향으로 유럽의 기후가 몹시 추웠다. 약간 더 이른 16세기에 활동한 네덜란드 화가 피터르 브뤼헐Pieter Brueghel의 겨울 풍경화들은 그 정갈함 때문에 왠지 포근하기도 하지만 당시의 삶이 녹록지 않았음을 짐작하게 한다. 오늘날 네덜란드에서는 눈을 구경하기가 거의 불가능하지만, 브뤼헐의 그림 속 네덜란드는 눈과 얼음의 나라다. 팍팍한 삶은 분노를 키우기 마련이다. 17세기 전반기가 마녀사냥의 절정기였던 것은 우연이 아닐 성싶다.

반면에 17세기 후반기는 프랑스의 루이14세를 비롯해서 '태양'으로 자처하는 군주들이 활보하던 시대였다. 지중해권에 머물던 유럽의 패권이 영국, 네덜란드, 프랑스 등의 대서양 연안 국가들로 옮겨가는 과도기의 혼란은 30년 전쟁을 통해 대체로 수습되었고 식민지로부터 본격적으로 부가 유입되기 시작했으며 혹독한 추위도 어느 정도 누그러들었다. 바야흐로 낙관론이 고개를 들 만했고, 철학에서는 스피노자와 라이프니츠가 시대의 요구에 부응했다. 이들이 인간의 합리적 능력에 건 희망은 지금 봐도 거대하다. 어쩌면 처음 눈 뜬 사람이 마주한 세상이 가장 생생한 것과 같은 이치일 것이다.

특히 라이프니츠(1646~1716)는 17세기 후반기의 낙관

피터르 브뤼헐, 〈눈 속의 사냥꾼Jagers in de Sneeuw〉, 1565.

론을 대표한다고 할 만하다. 위대한 수학자이기도 한 그는 오늘날 디지털혁명의 주춧돌인 이진법을 창안하고 계산기계를 연구했으며 사람들 사이의 모든 분쟁을 명쾌한 계산으로 해결할 가능성을 모색했다. 의견이 엇갈리는 양편이 서로 싸우지 말고 테이블에 마주앉아 "계산해봅시다 calculemus"라고 합의한 후 모종의 보편계산법을 실행하여 명쾌한 해답에 도달할 수 있기를 그는 바랐다. 지금도 일부 사람들은 마치 인공지능(AI)이 인류의 오랜 문제들을 일거에 해결해주기라도 할 것처럼 낙관론을 펼치는데, 그들은 라이프니츠의 후예라고 할 만하다.

요컨대 17세기 후반기는 유럽인들이 근대와 이성이라는 새로운 횃불을 들고 오랜 어둠의 영역으로 과감히 나아가기 시작한 때라고 할 수 있다. 1667년 파리의 가로등이 대표적이긴 하지만, 일상생활에서의 인공조명 사용도 이 시절에 본격화했다. 이른바 "밤 생활night life"이 개척되기 시작한 것이다. 어스름해지면 서둘러 조촐한 마지막 식사를 한 후 잠자리에 들던 사람들이 촛불을 켜고 둘러앉거나 가로등이 켜진 거리를 걸어 술집이나 극장에 가기 시작했다. 그런 "밤 생활"을 얼마나 누리는가는 소득 수준과 직결된 문제였다. 『밤을 가로질러*Durch die Nacht*』의 저자 에른스트 페터 피셔Ernst Peter Fischer가 인용한 17세기 후반기의 어느 글은 이렇게 전한다. "200년 전에 파리 사람들은 하루 중에 가장 잘 차린 식사를 정오 즈음에 먹었다. 지금 파리의 수공업자는 그런 정식을 2시에 먹고, 상인은 3시, 공무원은 4시, 벼락부자는 5시, 장관은 6시에 먹는다."

어둠을 향해 나아가는 횃불은 강렬한 명암의 대비를 일으킨다. 이 시절, 그러니까 미술사에서 말하는 바로크 시대의 회화에서 어둠이 능동적 요소로 활용되고 명암의 대비가 뚜렷해지는 것은 아마도 인공조명의 일상화와 무관하지 않을 것이다. 대표적인 화가로 렘브란트 하르먼스 판레인Rembrandt Harmensz van Rijn(1606~1669)이 있다. 그는 오랜 세월에 걸쳐 수많은 자화상을 그린 것으로도 유명하다. 빛과 어둠의 얽힘을 마주한 사람은 자연스럽게 자기 자신을 돌아보게 되는 것일까? 근대 철학의 일반적인 경향을 감안하면, 충분히 그럴 수 있겠다는 생각이 든다.

빛과 어둠이 도시에서 만난 것은 바로크 시대가 처음이었을지 몰라도, 지구상에서 빛과 어둠은 낮과 밤이라는 이름으로 늘 서로의 꼬리를 무는 한 쌍이다.

겨울이 오고 성탄절이 가까워지면, 밤의 세력이 강해질 대로 강해져 마치 낮을 몰아내기라도 할 것처럼 느껴진다. 오래전 동굴에서 생활하던 우리의 조상들은 그런 밤을 훨씬 더 위협적으로 느꼈을 것이 틀림없다. 그러니 동지가 지나고 며칠 후 다시 낮이 길어진 것을 실감할 때의 기쁨은 얼마나 극적이었겠는가!

많이들 알다시피 성탄절의 날짜는 예수의 생일과 아무 상관이 없다. 그 명절은 원래부터 유럽 곳곳에 있던 동지 축제와 새로운 기독교가 융합하여 생겨났다. 밤을 이긴 낮을 기리는 옛 축제가 죽음을 이겼다는 예수의 탄생을 기리는 새 축제로 변모한 것이다.

성탄절이면 곳곳에서 LED 장식등이 전나무 모형을 휘감고 반짝인다. 교회에 다니는 일부 아이들은 연극 무대에 올라, 숙박할 곳을 찾아 헤매는 예수의 부모를 연기할 것이다. 형편이 된다면, 환한 무대조명이 그들을 비출 텐데, 그것도 바로크 시대의 유산이다. 자연조명이 꺼진 밤에 인공조명을 켜고 연극을 하는 관행도 17세기 후반기에 시작되었다.

과학은 빛일까?

뉴턴과 17세기 풍의 과학 이미지

뉴턴의 『프린키피아』가 출판된 1687년은 이른바 '과학혁명'의 정점으로 평가받는다. 코페르니쿠스가 단지 계산을 단순화하기 위해서라며 조심스럽게 태양 중심 세계관(대중에게 더 친숙한 표현은 '지동설')을 제안한 것에서 출발하여 그 세계관을 도발적으로 옹호한 갈릴레오를 거치고 케플러의 놀라운 행성 연구 성과들을 거쳐 마침내 뉴턴의 중력 이론에서 하나의 거대한 지적 흐름이 찬란한 마침표를 찍는다.

주로 17세기에 일어난 이 발전은 실로 혁명적이었지만, 이를 '과학혁명'이라는 일반적 명칭으로 부르는 것에는 충분히 이의를 제기할 만하다. 이 혁명은 천문학과 물리학에 국한되어 있지 않은가. 셀 수 없이 많은 과학 분야가 번창하는 오늘날의 관점에서 보면, 코페르니쿠스에서 시작되어 뉴턴에서 종결된 발전은 과학 전체를 대표하기에 무척 부족하다.

물론 17세기에는 천문학과 물리학이 과학의 전부였다는 변론을 시도할 수도 있겠지만, 그렇게 당대의 관점에 충실하고자 한다면, 그 시절에는 '과학'이라는 활동 자체가 없었다고 하는 편이 더 옳다. 『프린키피아』의 정식 제목은 '자연철학의 수학적 원리'다. 뉴턴 본인과 주변 사람들은 그를 철학자, 혹은 자연철학자로 간주했다. 이는 당연한 일이다. '과학자scientist'라는 단어는 뉴턴이 죽은 뒤 100년도 더 지난 때에 생겨났으니까.

그래서 일부 역사가들은 지동설과 뉴턴으로 대표되는 과학혁명을 '17세기 과학혁명' 혹은 '1차 과학혁명'으로 특정하여 부른다. 1차 과학혁명이 있다면, 2차 과학혁명도 있을까? 그렇다. 주로 천문학(천왕성을 비롯한 새로운 천체들의 발견), 화학(새로운 원소들의 발견), 전기와 자기에 대한 연구가 주도한 2차 과학혁명은 1800년경에 일어났다. 당대의 예술적 사상적 분위기에 걸맞게 '낭만주의 과학혁명'으로도 불리는 이 사건을 대표하는 이미지는 정체불명의 용액들이 부글거리는 실험실, 프랑켄슈타인 박사가 만든 괴물, 하늘 높이 솟아오르는 기구, 남태평양을 탐험하는 선단 등인데, 이에 관한 얘기는 다음 기회로 미루고 다시 뉴턴으로 돌아가자.

우리 시대에 누가 모르겠냐마는, 중요한 것은 이미지다. 늘 복잡하고 다면적이기 마련인 실제 역사에도 불구하고, 왜 뉴턴은 '과학혁명'이라는 거창한 단어에서 보듯이 과학 전체를 대표하는 인물로 격상되곤 할까? 알렉산더 포프 Alexander Pope의 다음과 같은 시구에서 실마리를 찾을 수 있다. "자연과 자연법칙들은 어둠 속에 있었네./ 그때에 신께서 말씀하시길, 뉴턴이 있으라, 하시니 모든 것이 밝아졌네."

한마디로 뉴턴은 빛이다! 뉴턴이 대표하는 과학은 진실을 환히 밝혀주는 빛이다! 지금도 우리의 통념 속에서 뉴턴이 과학혁명의 정점으로서 과학 전체를 대표한다면, 그것은 우리가 단박에 모든 진실을 밝혀주는 빛을 과학의 이미지로 품고 있기 때문일 것이다. 그러나 과학은 정말로 그런 신성한 빛일까? 현장에서 좁은 전문 분야에 매달리는 실제 과학자들 중 다수가 고개를 가로저으리라 믿는다. 오히려 어둠 속을 더듬는 손이야말로 많은 경우에 진짜 과학에 더 적합한 이미지다.

1687년은 유럽 역사에서 바로크 시대에 해당한다. 17세기 전반기를 어둡게 했던 30년 전쟁이 끝나고 유럽의 패권이 지중해 지역에서 중부 유럽으로 넘어오고 마침 기후도 온화해지면서 맞이한 17세기 후반기는 가히 빛의 시대였다. 태양왕 루이 14세뿐 아니라 숱한 권력자들이 백성에게 빛을 선사하는 군주로 자부했다. 이 시기의 대표적인 화가 렘브란트는 빛과 어둠의 대비에 천착했고, 철학자 스피노자와 라이프니츠는 데카르트의 뒤를 이어 '이성의 빛'을 숭상했다. 인간 이성에 대한 무제한의 신뢰! 이것이 17세기 후반기의 시대정신이었으며, 뉴턴은 그 중심에 우뚝 선 인물이다.

많은 사람이 과학을 신성한 빛으로 간주할 때 그 빛은 오로지 환하기만 한지 몰라도, 현실의 빛은 늘 어둠을 동반하기 마련이다. 바로크 시대는 사상 최초로 중부 유럽에 엄청난 부가 축적되던 때다. 태양왕급의 군주들이 자신의 부를 과시하고 정치적 영향력을 높이기 위해 며칠 밤을 대낮처럼 밝히며 베푼 야간 잔치에서 소모된 비용은 일반인의 상상을 초월했다. 그 부는 어디에서 왔을까? 적어도 그 부의 일부는 식민지에서 왔다. 1672년에 영국 왕립 아프리카 회사가 설립된다. 노예무역을 독점하는 회사다.

5년 후, 스피노자가 사망하면서 그의 주저 『윤리학』이 출판된다. 그 유명한 철학책의 독특한 형식은 인간사의 모든 문제를 유클리드 기하학처럼 명쾌하게 해결하겠다는 포부의 표현이다. 스피노자를 계승한 라이프니츠는 모든 논쟁을 불필요하게 만드는 일종의 '계산법'을 꿈꾼다. 의견의 불일치가 있으면 쌍방이 마주앉아 '계산해봅시다!'라고 말한 다음에 그 계산법에 따라 명쾌한 정답에 도달하기를 그는 바란다. 다른 한편에서는 마녀들이 죽어간다. 비록 마녀사냥의 절정기(1550~1650)는 지났지만, 1687년에도 유럽 곳곳에서 적잖은 마녀들이 죽임을 당했다.

흥미롭게도 우리 사회는 바로크 양식을 꽤 좋아하는 듯하다. 젊은이들은 제쳐놓더라도, 고도 성장기에 활약한 중년 이상의 세대는 확실히 바로크풍의 가구, 문양, 장식을 좋아한다. 그 과장된 곡선과 넘치는 화려함과 극적인 연출을 선호하는 우리의 취향은 부를 과시하려는 욕망과 무관하지 않을 성싶다. 혹시 많은 대중이 품은 정답으로서의 과학의 이미지도 이런 바로크 풍 취향과 관련이 있는 것이 아닐까?

조심스럽게 '17세기 풍의 과학 이미지'를 거론해보자. 과학은 빛이다. 스위치를 딸깍 올리기만 하면, 모든 진실이 단 하나의 정답으로서 눈앞에 짠 나타난다! 뉴턴은 정말로 위대한 과학자지만, 혹시라도 그가 이런 '17세기 풍의 과학 이미지'를 조장한다면, 우리는 현장에서 어둠 속을 더듬는 과학자들과 더불어 고개를 가로저어야 마땅할 것이다.

바로크 시대의 최대 약점은 자기비판의 결여이며, 이 사실은 칸트 철학에 이르러 뚜렷이 드러난다. 이성은 반드시 자기비판을 실행할 줄 알아야만 무제한의 신뢰를 받을 자격이 있다. 과학은 스스로 자기를 비판할 수 있을까? 17세기 풍의 과학 이미지와 자기비판은 전혀 어울리지 않는 것 같다. 어떻게 빛이 빛 자신을 비출 수 있겠는가? 그러나 과학자라면 누구나 알듯이, 진짜 과학은 당연히 자기를 비판한다. 심지어 어떤 의미에서는 자기비판이야말로 과학의 본질이다.

역사는 과학의 자기비판을 돕는 좋은 벗일 수 있다. 왜냐하면 역사는 우리가 절대적이라고 믿는 많은 것이 실은 상대적임을 보여주기 때문이다. 절대적 진실을 추구하는 과학자가 역사를 돌아보며 자신의 성과를 상대화하고 비판할 줄 안다면, 그 과학자는 결코 위태로움에 빠지지 않을 것이다.

잃어버린, 모험의 짜릿함

데이비와 리터의 자가 실험

험프리 데이비Humphry Davy는 1778년에 영국에서 태어나 과학자로서 성공 가도를 달리고 영광스러운 왕립학회장까지 지냈다. 가장 잘 알려진 업적은 화학에 관한 것인데, 마침 새로운 원소들이 잇따라 발견되던 시절이 그의 전성기였던 덕분에, 데이비는 1807년에 칼륨과 나트륨을 발견하고 이듬해에 칼슘, 스트론튬, 바륨, 마그네슘, 붕소를 발견했다.

실생활에서도 '데이비램프'라는 그의 발명품이 유명했다. 당시의 탄광에서는 조명등의 불꽃이 갱도에 들어찬 가연성 기체에 옮겨붙어 일어나는 폭발 사고가 빈번했는데, 데이비램프는 그런 폭발의 위험을 대폭 감소시킨 새로운 안전등이었다. 원리는 등의 심지 주위를 촘촘한 철망으로 감싸 심지에 붙은 불꽃이 철망 바깥으로 삐져나가지 못하게 하는 것이다. 이 간단한 원리가 수많은 탄광 노동자의 목숨을 구하고 그 가족들이 나락으로 떨어지는 것을 막았다.

데이비보다 2년 먼저 현재의 폴란드에서 태어나 독일에서 활동한 과학자 요한 빌헬름 리터 Johann Wilhelm Ritter는 그렇게 찬란한 삶을 살지 못했다. 독일 낭만주의나 근대 과학사에 특별한 관심이 있는 독자가 아니라면, 34세로 요절한 이 기이한 과학자의 이름조차 모를 가능성이 높다. 하지만 리터는 자그마치 자외선을 발견했으므로 과학자로서 존경받을 자격을 충분히 갖췄다. 하지만 더 흥미로운 리터의 진면목은 그 발견의 과정에서 드러난다.

가시광선 스펙트럼의 양끝 바로 너머에 위치한 적외선과 자외선은 각각 1800년과 그 이듬해에 발견되었다. 적외선의 발견자는 일찍이 1781년에 천왕성을 발견하여 태양계를 두 배로 확장한 윌리엄 허셜이었다. 이 소식을 들은 리터는 단박에 자외선도 존재한다고 예측했다. 왜냐하면 스펙트럼의 대칭성이 보존되어야 한다고 확신했기 때문이

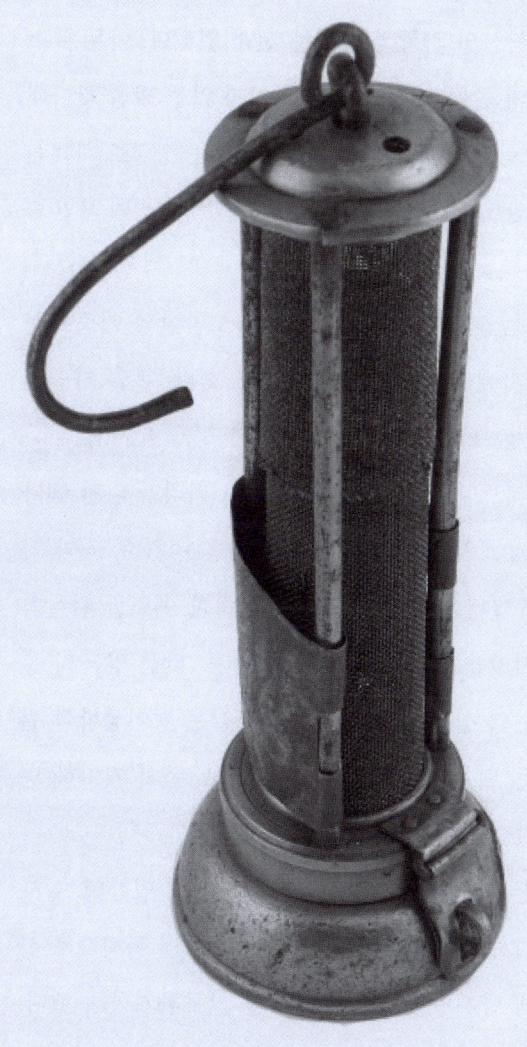

데이비램프. (출처: 런던과학박물관)

다. 물론 그 확신의 과학적 근거는 전혀 없었다. 아무튼 스펙트럼의 반대쪽 끝에서 또 다른 보이지 않는 빛을 찾아내기 위하여 실험과 탐구를 거듭한 끝에, 그는 정말로 자외선(화학반응을 일으키는 광선이라는 뜻으로 리터 본인이 붙인 명칭은 "화학선chemical ray")을 발견했다.

사실 리터는 과학자였을 뿐 아니라 오늘날의 기준에서는 신비주의자에 가까운 철학자이기도 했다. 독일 자연철학을 대표하는 프리드리히 빌헬름 폰 셸링Friedrich Wilhelm von Schelling은 리터보다 고작 한 살 위였지만 리터가 다닌 예나대학교의 교수로서 그에게 지대한 영향을 미쳤다. 괴짜 과학자 리터의 열정은 거의 독학으로 터득한 예리한 관찰력과 실험 솜씨만을 길잡이로 삼지 않았다. '맞선 양극의 통일'이나 '자연의 심층적 주기성週期性'과 같은 형이상학적 원리와 "만물은 변용된 물이다"라는 탈레스 풍의 기이한 믿음도 그를 이끌었다.

이쯤 되면 사이비 과학자의 풍모가 느껴질 법한데, 실제로 리터는 지하의 물이나 기타 광물을 찾아낼 목적으로 사용하는 '수맥 탐지용 막대divining rod'를 연구하기까지 했다. Y자 모양의 나뭇가지 한 개나 L자 모양의 막대 두 개를 들고 지하수 따위를 찾아다니는 우스꽝스러운 관행은 당연히 사이비 과학이다. 그러나 한 건의 실수로 한 사람 전체를 매장하지는 말아야 할 것이다.

데이비와 리터는 두 가지 공통점이 있다. 첫째, 두 사람 다 약방에서 조수로 일하며 독학으로 과학을 공부했다. 데이비는 끝내 대학교에 다니지 않았고, 리터는 나중에 예나 대학교에서 의학을 공부하긴 했지만 과학에 대한 공부는 내내 독학이나 다름없었다. 물론 이 특징은 그리 예외적이지 않다. 당시에 특히 영국에는 대학교 근처에도 가보지 않은 유명 과학자가 꽤 있었다. 대표적으로 앙투안 로랑 라부아지에Antoine Laurent Lavoisier의 공격에 맞서 플로지스톤 이론을 옹호한 조지프 프리스틀리Joseph Priestley와 데이비의 조수로서 과학자 경력을 시작한 마이클 패러데이가 그러하다.

또 하나, 데이비와 리터는 자기 몸을 이용한 실험을 서슴지 않았다는 공통점이 있다. 이것 역시 당대에는 상당히 일반적인 관행이었다. 데이비는 아산화질소를 직접 흡입하는 실험을 통해 그 기체가 웃음을 일으키고 상당한 마취 효과도 발휘한다는 것을 발견했다. 1800년에 볼타 전지를 발명한 알레산드로 볼타도 전류가 일으키는 효과를 탐구하기 위해 자신의 몸을 동원했다. 그럴 수밖에 없는 것이, 당시에 가용한 전류 탐지기는 그의 몸뿐이었다. 그는 전류가 기이한 맛, 시각적 섬광, 탁탁거리는 소음을 일으킨다는 것을 자가 실험으로 발견했다. 그의 보고에 따르면, 전류로 일으킬 수 없는 유일한 감각은 후각이었다. 독일 낭만주의자들이 사랑한 과학자 리터의 자가 실험은 더 과감했을 것이 뻔하다. 그는 전기 등에 관한 실험에 자신의 모든 감각을 바치다시피 했다고 한다. 그의 요절은 그런 자가 실험과 무관하지 않다고 여겨진다.

지금 돌이켜보면 무모하다고 평가해야 마땅할 텐데도, 데이비와 리터의 독학과 자가 실험은 대단히 매혹적임을 부인하기 어렵다. 그들은 교과서로 정리된 글을 통해 과학을 배우고 안전성이 확인된 경로로 새 터전을 개척하지 않았다. 한마디로 그들은 외톨이 개인으로서 길들지 않은 자연과 맞닥뜨린 모험가였다. 시인 노발리스Novalis는 리터를 이렇게 평가했다. "정말이지 리터는 자연에 깃든 진정한 세계영혼Weltseele을 탐색하고 있다. 그는 보이고 만져지는 문자들을 해독하고자 한다."

"보이고 만져지는 문자"라는 인상적인 표현이 가슴에 남는다. 어쩌면 우리는 조직과 제도의 품안에서 안락을 누리는 대가로 모험의 아름다움과 짜릿함을 잃어버린 것이 아닐까? 꽤 많은 시를 남긴 시인이기도 한 데이비는 아산화질소를 직접 흡입한 경험을 담아 이런 시를 썼다.

> 부정한 불도 없는데 내 가슴은 불타네.
> 하지만 내 뺨은 장밋빛으로 붉어져 따뜻하고
> 하지만 내 눈은 반짝이는 광채로 가득 차고
> 하지만 내 입은 웅얼거리는 소리로 가득 차고
> 하지만 내 팔다리는 내면의 황홀감으로 전율하고
> 새로 태어난 힘을 입었네.

장난기가 적잖이 밴 이 운문과 달리, 마지막으로 인용할 데이비의 문장은 훨씬 더 진지하다. 과학계 안팎의 모든 사람이 귀담아들을 만하다. "과학에 대한 우리의 견해가 궁극적이라는 생각, 자연에 수수께끼란 없다는 생각, 우리의 승리가 완벽하다는 생각, 정복할 신세계는 없다는 생각만큼 인간 정신의 진보에 해로운 것은 없다(1810년의 강의에서)."

"과학은 장례식이 열릴 때마다 한 걸음씩 진보한다."

파스퇴르의 애국심과 플랑크의 둘째 업적

과학자로서 누릴 수 있는 가장 큰 영광 중 하나는 과학의 역사를 짊어지고 오래 존속할 미래의 연구 기관에 자신의 이름을 남기는 것일 성싶다. 파스퇴르와 플랑크는 그런 영광을 실컷 누리는 대표적인 과학자다.

프랑스 화학자 겸 미생물학자 루이 파스퇴르Louis Pasteur가 1887년 파리에 설립한 파스퇴르연구소Institut Pasteur는 오늘날 감염병과 백신 연구에서 세계 최고로 꼽힌다. 국내에도 한국파스퇴르연구소가 있는데, 이 기관은 프랑스 파스퇴르연구소와 한국과학기술원의 협력으로 2004년에 설립되었으며, 전 세계 24곳의 연구소를 아우르는 파스퇴르연구소

국제 네트워크의 한 부분이다.

'양자quantum' 개념을 처음 도입한 물리학자 막스 플랑크 Max Planck의 이름을 따서 명명된 막스플랑크협회Max-Planck-Gesellschaft zur Förderung der Wissenschaften는 수많은 막스플랑크연구소를 거느리고 있다. 위치는 주로 독일이지만, 다른 유럽 국가들과 미국에도 막스플랑크연구소가 있어서, 2017년 집계로 총 84곳의 연구 기관이 플랑크의 영광을 드높인다.

예컨대 로마에는 막스플랑크 미술사연구소가 있다. 이 사례에서 보듯이 막스플랑크연구소들이 다루는 분야는 자연과학에 국한되지 않는다. 크게 세 분야를 꼽으면, 생물학/의학, 화학/물리학/기술, 그리고 인간과학human science이 그 연구소들의 관심사다. 플랑크가 물리학자였을 뿐 아니라 상당한 정도로 철학자이기도 했음을 감안하면 막스플랑크협회의 폭넓은 관심을 납득할 만하다.

파스퇴르는 잘 알려진 애국자였다. "과학은 조국이 없을지라도, 과학자는 조국을 가져야 하며 자신의 연구가 세상에서 발휘할 수 있는 영향력을 조국에 귀속시켜야 한다"라는 그의 발언은 20여 년 전 우리나라에서도 그리 유쾌하지 않은 방식으로 회자된 바 있다. 아무도 황우석의 몰락을 예견할 수 없었던 2005년 6월, 그 "국민과학자"는 관훈토론회에서 "과학에는 국경이 없다. 그러나 과학자에게는 조국이 있다"라고 말했다.

역사를 다룰 때 늘 명심해야 하는 바지만, 개별 발언보다 훨씬 더 중요한 것은 발언의 맥락이다. 파스퇴르의 발언은 프랑스와 프로이센이 맞붙은 전쟁(1870년)의 여파 속에서 나왔다. 프랑스는 패배했고, 승리한 프로이센은 독일을 통일하면서 중부 유럽의 강대국으로 떠올랐다. 당시에 파스퇴르는 50대의 중견 과학자로서 한창 큰 영향력을 발휘할 때였다. 그러니 그의 입에서 저런 애국적 발언이 나온 것을 충분히 납득할 만하다. 전쟁은 조국을 새삼 일깨운다.

오늘날 파스퇴르는 독일의 로베르트 코흐Robert Koch와 함께 병원체 이론을 확립한 생물학자 혹은 의학자로 널리 알려져 있다. 하지만 그가 원래 몰두한 연구 주제는 발효, 특히 맥주와 포도주의 발효였다. 파스퇴르는 1876년에 저서 『맥주에 대한 연구Études sur la bière』를 출간했는데, 이 책의 독일어 번역을 허가해달라는 요청에 퇴짜를 놓았다. 자신의 연구 성과를 독일인이 이용하는 것이 싫어서였으니, 이쯤 되면 좀 심하다 싶을 수도 있겠는데, 이 행동을 납득하려면 파스퇴르의 정치적 활동을 돌아볼 필요가 있다. 같은 해에 그는 프랑스 상원의원에 출마했다. 비록 결과는 참담한 낙선이었지만 말이다.

독일의 자연과학 연구소들에는 '막스 플랑크'라는 이름이 다 붙어 있다고 생각해도 크게 틀리지 않을 만큼, 독일의 제도권 과학계에서 플랑크의 지위는 압도적이다. 하지만 그는 파스퇴르처럼 열렬한 애국자는 아니었다. 오히려 다음과 같은 그의 발언은 그가 집단주의적 애국심에 상당히 적대적이었을 가능성에 무게를 두게 만든다.

"과학은 장례식이 열릴 때마다 한 걸음씩 진보한다."• 장례식이란 구세대 과학자의 죽음을 뜻한다. 이런 말을 남긴 것을 보면, 플랑크는 선배 과학자들의 완고함 앞에서 꽤나 절망했던 모양이다.

파스퇴르와 플랑크의 차이는 어느 정도 개인의 기질에서 비롯되었겠지만, 그에 못지않게 시대를 반영하는 것으로 보인다. 1822년생인 파스퇴르는 제국주의적 애국심으로 물든 빅토리아 시대를 살다가 1895년에 사망했다. 그의

• 플랑크 원리Planck's Principle로 불리며, 과학철학 쪽에서 자주 인용된다.

생애 동안에 프랑스 과학계는 오랜 앙숙인 영국 과학계뿐 아니라 새롭게 떠오르는 독일 과학계와도 경쟁해야 했다. 반면에 플랑크는 독일 과학계의 실력이 이미 상당히 탄탄해진 1858년에 태어나 나치의 광란과 2차 세계대전의 참상까지 경험하고 1947년에 사망했다. 플랑크가 파스퇴르처럼 애국심을 품고 과학자의 조국을 강조했다면, 그것이 오히려 놀라운 일일 터이다.

파스퇴르는 아직 노벨상이 없던 시절의 인물이어서 수상의 기쁨을 누리지 못했지만, 플랑크는 열을 받아 뜨거워진 물체가 내는 빛의 에너지-진동수 분포를 설명하기 위해 '양자' 개념을 도입한 공로로 1918년에 노벨상을 받았다. 당연히 이것이 그의 최대 업적이다. 그러나 사람들은 이에 못지않게 큰 둘째 업적이 있다고 말한다. 그 업적은 아인슈타인을 발탁한 것이다.

아인슈타인이 진짜 천재인지 아니면 그냥 괴짜인지를 놓고 과학계가 고개를 갸웃거리던 1905년, 플랑크는 스위스 특허청 직원이었던 그를 베를린으로 불러 과학자로서 일할 기회를 주었다.

이것은 아주 흥미로운 선택인데, 왜냐하면 플랑크의 '양자'가 가설적 개념에 불과한 것이 아니라 엄연히 실재함을 최초로 보여준 인물이 아인슈타인이기 때문이다. 그래서 플랑크가 자신을 편든 아인슈타인을 기쁘게 발탁한 것일까? 만약에 그렇다면, 당연한 발탁, 전혀 흥미롭지 않은 발탁일 것이다. 진실은 정반대다. 플랑크는 내심 '양자' 개념이 폐기되거나 대폭 수정되기를 바랐다. 어쩌다 보니 '절망의 몸부림'으로 에너지의 불연속성과 '양자'를 제안하긴 했지만, 플랑크 본인도 그 제안을 기꺼이 받아들이기 어려웠던 것이다.

그런데 신세대의 젊은이 아이슈타인이 이른바 광전효과에 대한 설명을 통하여 '양자'를 빼도 박도 못할 실재로 확립했고, 어느새 구세대가 된 플랑크는 내심 못마땅했을 것이 틀림없는 그 젊은이가 새로 내놓은 특수상대성이론의 잠재력을 믿고 그를 발탁했다. 이 어찌 흥미롭지 않을 수 있겠는가. 플랑크가 말한 "장례식"은 그 자신의 장례식일 수도 있다는 점을 주목하라. 다행히 그는 진짜 장례식을 맞이하기 전에 이를테면 사상적 장례식을 감내함으로써 구세대 과학자로서는 예외적으로 과학의 진보에 결정적으로 기여했다.

역사는 흐르고, 장례식은 누구에게나 찾아온다. 오늘날의 수많은 막스플랑크연구소는 플랑크의 첫째 업적보다 둘째 업적을 더 많이 기리고 있는지도 모른다.

원자는 실재하는가

볼츠만의 죽음

 대중은 물리학자 하면 대뜸 아인슈타인을 떠올리곤 하지만, 물리학계 내부에서는 최소한 아인슈타인에 못지않게 존경받는 인물들이 꽤 있다. 니체와 동갑으로 1844년에 태어난 루트비히 볼츠만 Ludwig Boltzmann이 대표적인 예다.

 볼츠만은 시스템의 거시적 속성을 미시적 상태와 확률에 기초하여 설명하는 물리학 분야인 통계역학을 개척하고 엔트로피를 정의하는 공식 $S = k \ln W$을 세우는 등의 업적으로 불멸의 지위에 올랐다. 이 공식이 말해주는 바는, 엔트로피(S)는 미시 상태들의 개수(W)의 자연로그에 볼츠만상수(k)를 곱한 값과 같다는 것이다. 즉, 특정한 거시 상태의 엔트로피는 그 상태를 구현할 수 있는 미시 상태들의 개수가 많을수록 더 높다.

볼츠만 본인과 측근들이 느끼기에도 자랑스러웠던지, 오늘날 그의 묘비에는 저 엔트로피 공식이 새겨져 있다. 이 인물이 물리학계 내부에서 어떤 평가를 받는지 짐작하게 해주는 에르빈 슈뢰딩거Erwin Schrödinger의 증언이 있다. 슈뢰딩거는 양자물리학의 확립에 결정적으로 기여한 공로로 1933년에 노벨상을 받은 위대한 물리학자다.

그가 쓴 유명한 에세이 『생명이란 무엇인가 *What is Life?*』와 『정신과 물질 *Mind and Matter*』을 함께 묶은 책(우리말 번역본 『생명이란 무엇인가, 정신과 물질』)에 부록처럼 덧붙인 자서전적인 글(「내 삶의 스케치」)을 보면, 이런 대목이 나온다.

> 위대한 루드비히 볼츠만은 내가 1906년 빈 대학―내가 다닌 유일한 대학이다―에 입학하기 직전에 두이노에서 슬픈 최후를 맞았다. (……) 그 후[1907년] 지금[1960년]까지 나는 물리학에서 볼츠만의 이론보다 더 중요하다고 느낀 이론이 없다. 플랑크며 아인슈타인이 있다 해도 말이다.

볼츠만의 묘비. 엔트로피를 정의하는 공식이 새겨져 있다.

요컨대 슈뢰딩거가 보기에 볼츠만은 양자 개념을 고안한 플랑크와 상대성이론을 개발한 아인슈타인을 능가하는 물리학자다. 또한 명시적으로 밝히지는 않았지만, 슈뢰딩거는 양자물리학의 뼈대를 세운 자신보다도 볼츠만을 더 높게 평가하는 것으로 보인다.

여담이지만, 이렇게 물리학계 안팎의 평가가 심하게 엇갈리는 또 한 명의 인물로 제임스 클러크 맥스웰James Clerk Maxwell(1831년생)을 언급할 만하다. 대중들은 "맥스웰"을 즉석커피 브랜드로만 기억할 가능성이 높지만, 대학교에서 전자기학 강의를 들어본 사람이라면 "맥스웰 방정식" 앞에서 경탄한 경험이 틀림없이 있을 것이다.

맥스웰 방정식이란 전자기학 전체의 요약이라고 할 수 있는 네 개의 공식을 말한다. 물리학과 학생은 2학년이나 3학년 때 맥스웰 방정식을 배우면서 거의 누구나 경이로움을 느낀다. 모든 전자기 현상을 이렇게 간단한 공식 네 개로 설명할 수 있다니! 정말이지 그 공식들은 자연이 수학적 구조를 띠었음을 보여주는 강력한 증거로 다가온다. 그것들을 보면, "자연이라는 거대한 책은 수학의 언어로 쓰여 있다"라는 갈릴레오의 말을 실감하게 된다.

맥스웰과 볼츠만은 인연이 없지 않다. 이른바 "맥스웰-볼츠만 분포"는 먼저 맥스웰에 의해 수학적으로 도출된 후 볼츠만에 의해 더 심층적으로 연구되었다. 맥스웰-볼츠만 분포 함수는 열평형에 이른 기체 시스템 속 입자들의 속도가 어떤 분포를 이루는지 알려준다.

더 나아가 맥스웰과 볼츠만은 당대 물리학자들 중에서는 드물게 미시적 입자(대표적으로 원자)의 실재성을 옹호했다는 공통점이 있다. 이들은 예컨대 기체 시스템이 정말로 존재하는 미시적 입자들로 이루어졌다고 믿었다. 비록 당시에는 기술이 부족하여 그 입자들을 실제로 관찰할 수 없었지만 말이다. 반면에 볼츠만의 빈 대학교 동료 에른스트 마흐Ernst Mach(1838년생)를 비롯한 많은 물리학자는 그런 미시적인 입자들을 단지 이론적 구성물로 간주했다. 즉, 미시적 입자들은 데이터를 해석하고 정리하는 데 도움이 되는 이론적 보조 수단일 뿐이며, 그 입자들이 거시적 기체 시스템과 마찬가지로 실재하는 것은 아니라는 입장이었다.

철학적으로 보면, 실재론과 구성주의가 맞섰던 셈인데, 이 대립은 앞선 인용문에서 슈뢰딩거가 언급하는 볼츠만의 "슬픈 최후"와도 관련이 있는 것으로 추측된다. 볼츠만은 1906년 여름휴가를 두이노에서 보내고 예정대로 복귀하기 하루 전에 호텔방에서 목매어 자살했다. 그가 유서를 남기지 않았으므로, 자살의 원인을 명확히 알 수는 없다. 그래서 이런저런 추측들이 제기되는데, 그중 하나는 볼츠만의 자살을 당대 지식인들의 원자론 거부와 관련짓는다.

비록 이 추측을 입증하는 직접 증거는 없지만, 원자론 반대자들과의 논쟁이 볼츠만을 괴롭혔다는 것은 명백한 사실이다. 그 반대자들의 우두머리 격인 철학교수 에른스트 마흐가 뇌졸중으로 쓰러져 강의를 할 수 없게 된 후, 볼츠만은 1903년 가을부터 마흐의 자연철학 강의를 승계했다.

원자론 반대자들과 대결하느라 이미 철학자와 다름없었던 볼츠만은 그 강의를 계기로 더욱 철학에 몰두했다. 당연히 강의에서도 그는 미시적 입자들의 실재성을 철학적으로 옹호하기 위해 애썼을 것이다. 그러나 당대의 철학적 대세는 마흐였다. 마흐에 따르면, 오로지 감각적 데이터만 실재하며, 무릇 이론은 감각적 데이터를 효율적으로 이해하고 관리하기 위해 우리가 구성하는 도구다. 마흐는 물리학자이기도 했지만 주로 철학자였다. 아무래도 물리학이 전공이어서 정교한 철학적 논증에 능하지 않았을 볼츠만에게 마흐는 벅찬 상대였을 것이 틀림없다.

볼츠만은 1906년 초에 건강 악화로 강의를 할 수 없게 되었고 5월에 "중증 신경쇠약"으로 병가를 받았다. 얼마 후 아드리아해변으로 여름휴가를 떠난 그가 말없이 자살한 날은 9월 5일이었다. 원자론 논쟁이 이 슬픈 최후의 결정적 원인이었다고 추측하는 것은 무리인 듯하다. 본래 볼츠만은 신체적 정신적으로 병약했다. 오래전부터 그를 괴롭혀온 온갖 질환이 그를 자살로 이끈 주요 원인일 테고, 원자론 논쟁의 역할은 이미 위태롭던 그의 건강이 급격히 악화되는 것에 다소 기여하는 정도였을 것이다.

오늘날 원자를 비롯한 미시적 입자들은 태양이나 달과 다를 바 없이 확고한 실재성을 인정받는다. '원자가 정말로 존재하는가?'라는 질문을 진지하게 던지는 사람은 없다. 혹시라도 있다면, 그는 태양이나 달의 실재성마저도 의심하는 극단적인 구성주의자일 것이다. 그렇지만 오늘날 철학계의 대세가 실재론이라고 할 수도 없을 듯하다. 실재론의 세력이 볼츠만의 시대보다 더 강해진 것은 틀림없는 사실이지만 말이다.

물리학계에서 마흐는 초음속 단위에 자기 이름을 남긴

것 말고는 흔적이 없다시피 하다. 반면에 볼츠만은 역사를 통틀어 가장 위대한 물리학자로 꼽힌다. 마흐와 볼츠만은 개인적으로 친한 사이였다고 한다.

중년 학자의 도약

슈뢰딩거와 크릭의 울타리 넘기

두 가지 상賞이 '에르빈 슈뢰딩거 상Erwin-Schrödinger-Preis' 이라는 똑같은 이름을 가졌다. 하나는 오스트리아 과학 아카데미가 오스트리아에서 활동하면서 수학 및 자연과학 분야의 뛰어난 업적을 남긴 원로에게 수여하는 상금 1만 5000유로짜리 상으로, 초대 수상자는 에르빈 슈뢰딩거 본인이었다. 또 하나는 '독일 학문을 위한 기부자 연합Stifterverband für die Deutsche Wissenschaft'이라는 단체가 1999년에 제정한 5만 유로짜리 상이다. 이 상은 뛰어난 '학제적interdisciplinary' 연구에 수여된다.

전자가 그리 특별할 것 없는 국내용 공로상의 성격을 띠었다면, 후자는 학문 분야들의 경계를 뛰어넘는 연구를 장려한다는 참신한 취지를 지녔다는 점에서 꽤 특별하다. 이 글에서 주목하려는 것은 그 두 번째 에르빈 슈뢰딩거 상, 그리고 이른바 '학제적' 연구다. '학제적'이라는 어색한 용어는 어느새 우리 언어에 꽤 정착한 '통섭'과 맥이 통한다.

5만 유로짜리 에르빈 슈뢰딩거 상에 슈뢰딩거의 이름이 붙어 있는 것은 그의 저서 『생명이란 무엇인가』 덕분이다. 양자물리학을 수학적으로 정식화한 공로로 1933년에 노벨물리학상을 수상한 슈뢰딩거는 1887년생이다. 노벨상을 받을 때의 나이가 46세. 이론물리학자로서는 사실상 수명이 다한 때였다. 그러나 얼마 후 나치의 집권과 무관하지 않은 이유로 고향 오스트리아 빈을 떠나 아일랜드 더블린에 정착한 슈뢰딩거는 1943년에 그곳의 트리니티 칼리지에서 살아 있는 세포의 물리적 측면을 다루는 강연을 하고 이듬해에 그 강연문을 기초로 삼아 『생명이란 무엇인가?』라는 책을 출판했다. 출판 당시에 그의 나이는 57세.

우연의 일치지만, 철학자 칸트가 『순수이성비판』을 출판함으로써 그저 그런 철학 교수에서 불멸의 철학자로 단번에 뛰어오른 것도 57세 때였다. 오래 살고 볼 일이다. 만약에 칸트가 56세에 삶을 마감했다면, 오늘날 그는 철학자로서는 흔적도 없고 천문학책의 각주에서나 — 성운이 별들의 집단이라고 주장한 최초의 인물들 중 하나로 — 언급될 것이다. 평균적인 수명과 건강이 대폭 향상된 오늘날에도 57세에 획기적인 업적을 이루는 것은 기대하기 어려운 일이다. 위대한 철학자 칸트는 중년이나 노년의 초입에 이른 숱한 학자들에게 꿈과 희망을 주는 고마운 인물이기도 하다.

『순수이성비판』이 칸트의 최고 업적인 것과 달리,『생명이란 무엇인가』를 슈뢰딩거의 최대 성취로 평가할 수는 없다. 뭐니 뭐니 해도 슈뢰딩거는 이론물리학자이며, 노벨상 위원회가 인정했듯이, 양자물리학을 수학적으로 서술할 때 사용하는 주요 도구인 파동함수를 고안해낸 것이 그의 최고 업적이다. 그러나『생명이란 무엇인가』는 익숙한 전문 분야의 울타리를 뛰어넘어 낯선 분야를 탐험하는 과감함을 대표한다는 점에서 슈뢰딩거가 남긴 또 하나의 귀중한 유산이다. '독일 학문을 위한 기부자 연합'이 에르빈 슈뢰딩거 상을 통해 장려하고자 하는 것이 바로 그 과감함이다.

57세면 경력을 정리하고 서서히 은퇴를 준비할 나이다. 우리 주변의 학자들은 그 나이쯤 되면 대개 연구보다 교육과 사회 활동과 대중 접촉에 더 집중한다. 그러나 슈뢰딩거는 여전히 생생한 과학자로서 '생명이란 무엇인가?'라는 새로운 질문에 관심을 기울였다. 그것은 그의 전문 분야인 물리학을 훌쩍 벗어난 질문이었다. 학자가 자기 분야를 벗어나 낯선 영역을 기웃거리는 것은 어떤 의미에서 경솔하고 위험하기까지 한 행동이다. 웃음거리가 되기 딱 좋기 때문이다.

대개 학자들은 웃음거리가 되는 것을 몹시 싫어한다. 아마도 자신의 전문성과 품위에 대한 애착이 강하기 때문일 텐데, 가만히 보면 특히 우리 사회의 학자들이 더 그런 것 같다. 좋게 말하면 신중하고 책임감이 강한 것이고, 나쁘게 말하면 웃음거리가 될 용기가 없는 것이다. 이 용기를 기준으로 평가하면, 학자보다 예술가가 한 수 위일 성싶다. 그러나 57세쯤 된 예술가가 웃음거리가 될 위험을 무릅쓰고 새로운 시도를 하는 것도 우리 사회에서는 드문 일이지 싶다.

슈뢰딩거의 위대함은 물리학자로서 이미 확보한 권위 따위에 아랑곳없이 웃음거리가 될 용기를 발휘했다는 점에 있다. 그는 과감하게 물리학자의 눈으로 생물학을 바라보는 것을 시도했다. 유전자가 만드는 질서를 열역학의 법칙들과 대조했다. 그것은 진정한 '학제적' 발상이었고, 그 발상이 생물학에 가한 엄청난 충격의 여파로 곧 분자생물학이라는 새로운 분야가 탄생했다.

전문 분야의 울타리를 뛰어넘은 멋진 과학자의 또 다른 예로 프랜시스 크릭Francis Crick을 언급할 만하다. 다들 알다시피 크릭은 제임스 왓슨James Watson과 함께 DNA의 구조가 이중나선임을 밝혀낸 분자생물학자다. 그러나 그는 원래 물리학자였으며, 이 위대한 분자생물학적 업적을 이뤄낸 뒤에는 뇌와 의식에 대한 연구에 몰두했다. 그의 "놀라운 가설astonishing hypothesis"*에 따르면, 의식은 분자들의 구조와 상호작용으로부터 산출될 수 있고 이해될 수 있다. 크릭은 이미 분자생물학이 발생한 것처럼 미래에 분자심리학 심지어 분자신경철학이 발생하리라고 예상했으며, 오직 그 새로운 과학들을 통해서만 우리의 뇌를 이해할 수 있으리라고 확신했다. 물론 이 확신이 옳은지는 아직 아무도 모른다.

크릭의 이 같은 학문적 편력은 우연에 휩쓸린 방황이 전혀 아니었다는 점을 주목할 필요가 있다. 물리학 학사학위

• 프랜시스 크릭이 1994년에 출간한 책의 제목이다.

를 받은 후 2차 세계대전이 터지는 바람에 학자로서의 경력이 단절된 크릭은 1945년경에 막연히 과학자가 되겠다는 생각을 품었을 뿐, 구체적인 계획이 없었다. 그때 그는 자신이 평생 매달리고 싶을 만큼 좋아하는 주제가 무엇인지 명확히 알아내야 한다고 느껴 스스로 "수다 검사$_{gossip\ test}$"를 고안했다. 이 자가 검사법은 자신이 어떤 주제에 대하여 수다 떨기를 가장 좋아하는지 유심히 살피는 것이다. 그 주제를 선택해야 평생 즐겁게 연구할 수 있다고 크릭은 판단했다. 그리하여 그가 발견한 두 가지 주제는, 첫째, 살아 있는 물질과 죽어 있는 물질 사이의 경계 구역(곧 분자생물학의 영역), 둘째, 뇌였다. 요컨대 크릭의 편력은 애당초 예정된 바였다.

슈뢰딩거가 뒤늦게 생명에 관심을 기울인 것도 우발적인 충동에서 비롯된 일이 전혀 아니었다. 원래부터 그는 인간의 삶과 앎 전체에 관심이 많은, 철학자에 가까운 인물이었다. 그가 "통섭"을 실천했다고 말할 수도 있겠지만, 더 적합한 말은 그가 그냥 그 자신답게 행동했다는 것이 아닐까 생각한다. 크릭도 마찬가지다. 이들은 원래부터 원하던 바를 실행했을 따름이다.

통섭, 곧 전문 분야의 울타리 넘기는 굳이 애써 수행해야 할 대단한 과제가 아니라 우리 모두의 자연스러운 본능에 가깝다고 본다. 다만, 그 본능에 충실하려면, 웃음거리가 될 각오를 해야 한다. 오류를 범하지 않기 위해서라며 과감한 연구를 주저하는 사람들을 향하여 철학자 헤겔은 오류에 대한 두려움은 실은 진실에 대한 두려움일 수 있다고 일갈했다. 우리가 무오류의 신화와 고상한 품위와 준엄한 권위에 매달리지 않는다면, 통섭은 자연스럽고 유쾌하게 실현될 것이다. 웃음거리가 될 용기가 필요하다. 특히 우리 사회에서는.

지식과 감각의 교집합

헤겔과 훔볼트

2005년에 장대익 교수와 최재천 교수가 함께 번역하여 출판한 에드워드 윌슨Edward O. Wilson의 저서 『통섭Consilience』이 우리 사회에 미친 긍정적 영향이 있다면, 마치 견고한 성과도 같은 각자의 영역 안에서 소수의 후계자와 학생만 상대하는 것에 익숙한 이 땅의 대다수 학자에게 시야를 더 넓힐 필요성을 일깨웠다는 점일 것이다.

그러나 저자와 번역자들의 본의와는 필시 거리가 있겠지만, 그 책의 부정적 영향도 지적할 필요가 있다. 특히 최재천 교수는 학계 안팎에서의 다양한 활동으로 "통섭"을 그야말로 한 시대의 화두이자 당위로 격상시켰는데, 문제는 그 당위가 암묵적으로 전제하는 현실이 과연 옳은가 하는 것이다. 대체로 융합을 의미하는 "통섭"이 우리의 과제라는 견해는, 현실에서 학문의 다양한 분야들이 각각 따로 놀면서 서로를 외면하거나 심지어 배척한다는 진단을 기초로 삼는다. 그런데 이것은 과연 옳은 진단일까?

당장 눈에 띄는 고등학교 교과과정과 대학교 조직에서 이를테면 역사학과 물리학 사이에 뚜렷한 경계선이 그어져 있다는 것은 틀림없는 사실이다. 하지만 그것은 제도와 형식의 차원에 속한 경계선일 뿐, 역사학과 물리학의 본질과 실행에 원리적으로 새겨진 경계선은 아니다. 물론 제도는 중요하며, 특히 입시제도를 정점으로 한 교육제도는 우리 사회에서 막강한 힘을 발휘한다. 사람들이 "통섭"의 필요성을 이야기할 때 흔히 고등학교 문과, 이과 구분의 폐해를 들먹이는 것은 우연이 아니다. 최재천 교수도 "통섭"을 촉구하면서 주로 자연과학과 인문학 사이의 간극을 지적하곤 했는데, 어쩌면 이것도 우리 사회에서 교육제도가 발휘하는 힘이 얼마나 큰지 보여주는 사례일 수 있다.

행정가라면 마땅히 제도에 공을 들여야 하고, 이를테면 2018년에 고등학교 교과과정에서 문과, 이과의 구분이 폐

지된 것과 같은 개선과 개혁을 늘 도모해야 할 것이다. 그러나 학자와 지식인의 길은 다르다. 진지한 학자는 제도적 경계선보다 학문 분야들의 본성과 실제 학자들의 활동을 더 먼저 살펴보아야 마땅하다. 그리고 그 근본적인 숙고와 충실한 관찰에서 예컨대 역사학과 물리학 사이에 심각한 간극과 대립이 있다는 진단이 내려졌을 때 비로소 "통섭"을 당위로서 외쳐야 옳다.

혹시 역사학 연구와 물리학 연구가 본디 서로 얽혀 있고 우리의 현실에서도 활발히 상호작용하고 있다면, "통섭"은 비로소 이뤄내야 할 당위가 아니라 늘 작동하는 원리이자 이미 우리 곁에 있는 현실일 것이다. 그러니 제도에만 매달리지 말고 진지하게 따져보자. 첫째, 인문학과 자연과학은 원리적으로 아무 관련이 없을까? 만약에 그렇다면, 과학사는 어엿한 학문 분야로 인정받기 어려울 텐데, 알다시피 실상은 전혀 다르다. 과학사는 과학의 진면목을 보여주는 중요한 학문 분야로 자리매김한 지 오래다. 둘째, 이 땅의 인문학자와 자연과학자는 서로 아무런 영향도 주고받지 않을까? 과학사학자는 제쳐두더라도, 예컨대 역사에 몰두하는 물리학자와 물리에 깊은 관심을 기울이는 역사학자를 얼마든지 찾아낼 수 있다고 나는 확신한다.

요컨대 한 시대를 풍미한 화두 "통섭"이 우리에게 미친 부정적 영향이 있다면, 그 당위의 구호가 당장 눈에 띄는 제도와 상관없이 항상 작동하는 학문 분야들 사이의 상호작용을 본의 아니게 가려버린 것이 아닐까 싶다. 지식의 다양한 분야들은 상호작용하기 마련이다. 이는 지구의 생물권에 속한 모든 생물이 다른 모든 생물에게 의존하는 것과 마찬가지다. 초원의 토끼와 풀과 여우에게 "통섭"을 촉구하는 것이 얼토당토않은 것처럼, 학문 분야들의 "통섭"을 당위로서 외치는 것 역시 부적절할 수 있다.

그럼에도 여전히 많은 이는 인문학과 자연과학의 원리적인 차이를 강조하곤 하는데, 한 예로『과학을 배반하는 과학 Irren ist bequem』의 저자 에른스트 페터 피셔는 훔볼트 형제를 거론하면서 인문학과 자연과학을 차별화한다. 형인 빌헬름 폰 훔볼트 Wilhelm von Humboldt는 베를린 훔볼트 대학교의 교명에 자신의 이름을 남긴 인문학자고, 동생인 알렉산더 폰 훔볼트 Alexander von Humboldt는 세계의 숱한 지형과 해류와 동식물과 심지어 달의 크레이터에까지 자신의 이름을 남긴 훨씬 더 유명한 자연과학자다.

피셔는 이 유명한 학자 형제가 도덕적 계몽의 수준에서 차이가 있었다고 평가한다. 형은 "책들과 더불어 정신의 세계를 더 많이 탐험한" 인문학자로서 인종들 사이에 타고난 우열이 있을 가능성을 열어둔 반면, 동생은 "세계를 경험하며 많은 세계인들을 본" 자연과학자로서 인종의 우열은 없다고 확신했다. 이를 지적하는 피셔의 취지는, 직접 세상으로 나가서 감각을 통해 얻은 지식("직관을 통한 앎")을 옹호하고 책과 글에서 얻은 지식("개념을 통한 앎")의 한계를 보여주는 것이다.

그의 견해를 충분히 납득할 만하다. 책상 앞에 앉아 글을 읽어서 얻은 지식과 현장에 직접 나가 모든 감각을 동원하여 얻은 지식은 차원이 다르다. 그러나 전자를 인문학 지식으로, 후자를 자연과학 지식으로 규정한다면, 그것은 부당하다. 오늘날에는 인문학과 자연과학을 막론하고 대부분의 교육이 현장이 아닌 학교에서 책을 통해 이루어지지 않는가! 알렉산더 폰 훔볼트처럼 몇 년 동안 낯선 대륙을 탐험하는 자연과학자는 오늘날 극히 드물다. 인문학자나 자연과학자나 거의 다를 바 없이 현장과 감각으로부터 멀어져 있다. 이를 안타깝게 여기는 피셔에게 공감한다.

알렉산더 폰 훔볼트가 주로 찬사를 받는다면, 같은 시기에 역시 독일에서 태어난 철학자 헤겔은 대체로 악명이 높다. 훔볼트는 1769년생, 헤겔은 1770년생이다. 피셔의 말마따나 훔볼트는 대서양 건너 아메리카 대륙으로 직접 가서 낯선 지역과 생태계를 탐험했다. 반면에 헤겔은 말년에 베를린 대학교의 교수로서 명성을 누리긴 했지만 평생 일개 철학자로서 독일을 벗어난 적이 없으며 가장 중요한 젊은 시절에는 독일 중남부와 스위스의 소도시들만을 전전했다.

훔볼트는 엄청나게 부유한 귀족으로 태어난 반면, 헤겔은 넉넉지 않은 평민의 아들이었다는 점도 두 사람의 인생행로에 큰 영향을 미쳤겠지만, 어쨌든 훔볼트는 낯선 세상을 탐험하며 선구적인 자연과학자의 길을 갔고, 헤겔은 책 속에 파묻혀 청춘을 보내며 전형적인 인문학자의 길을 갔다. 그래서 두 사람은 서로 딴판인 지식에 도달했을까?

얼핏 보면 그렇게 보인다. 헤겔은 자연과학을 주로 깎아내린다. 드물게 칭찬할 때조차도 그는 자연과학이 "기특하다"고 평가함으로써 자신의 철학이 더 우월하다는 견해를 거만하게 드러낸다. 훔볼트는 기본적으로 탐험가다. 닳고

닳은 아리스토텔레스와 플라톤의 저서를 들추며 시시콜콜한 자구^{字句}의 의미를 따지는 일은 훔볼트에게 전혀 어울리지 않는다. 오히려 그는 처음 오른 침보라소산에서 만난 이름 없는 들풀에 매혹되어 그것의 세밀화를 그리는 일에 몰두한다. 여러모로 헤겔보다 더 매력적인 인물이다.

그러나 진실은 첫인상과 다를 때가 많다. 때때로 진실은 더 깊은 곳에서 드러난다. 헤겔은 자연보다 정신(곧 문화)이 더 우월하다고 주장했지만, 이는 오직 정신만이 진리라거나 오직 정신에서만 진리가 드러난다는 뜻이 아니다. 진리는 모든 곳에서 드러난다. 다만, 자연에서보다 인간들이 일구는 문화에서 진리가 더 뚜렷하고 풍부하게 드러난다는 것이 헤겔의 참뜻이다. 헤겔은 자연과학을 배척할 이유가 없다. 오히려 그는 훔볼트 같은 탐험가들의 참신한 발견을 반갑게 주목했을 사람이다. 그는 자연과학적 발견을 비롯한 모든 것에서 보편적 진리가 다양한 모습으로 드러난다고 확신한 철학자다.

물론 모든 철학자가 그렇듯이 헤겔도 학문의 궁극적 목표는 우리 자신을 이해하는 것이라고 보았다는 점을 분명히 해둘 필요가 있다. 바로 그 점이 그를 전형적인 인문학자로 만든다. 인문학자는 무엇보다도 자기 자신을 이해하고자 하는 사람, 자기에게로 돌아오고자 하는 사람이다. 그러므로 만약에 훔볼트를 비롯한 자연과학자가 추구하는 바가 낯선 세계를 탐험하는 것까지이고 그들 자신을 이해하는 것은 그들의 관심사가 아니라면, 자연과학자는 인문학자와 사뭇 다른 유형의 학자라고 해야 할 것이다. 그러나 과연 그럴까? 자연과학자는 "너 자신을 알라!"라는 델포이 신전의 유명한 문구에 정녕 관심이 없을까?

훔볼트가 아메리카를 탐험하던 때로부터 200년이 흐른 지금, 인류는 우주를 탐험하는 중이다. 1974년 11월 16일, 푸에르토리코 아레시보 천문대의 과학자들은 약 2만 5000광년 떨어진 구상성단 M13을 향해 전파 신호를 송출했다. 총 1679비트로 이루어진 그 "아레시보 메시지"에는 인류와 태양계와 아레시보 천문대에 관한 정보가 담겨 있었다. 과학자들은 외계인이 그 메시지를 수신하고 해독하여 답신을 보내오기를 바랐다.

그 프로젝트를 얼마든지 비판할 수 있을 것이다. 어떤 즉각적 효용도 없고 성공 가망도 희박한데다가, 순전히 우리의 관점에서 작성한 메시지로 외계인과 교신하겠다는 발상 자체가 철없는 어린아이의 꿈 같지 않은가! 그러나 그 프로젝트를 비롯한 "외계 지적 생명체 탐사(SETI)" 활동은 지금도 다양한 방식으로 계속되고 있다.

  이 대목에서 결정적인 질문을 던져보자. 자연과학자들은 왜 외계인에 그토록 큰 관심을 기울일까? 대체 왜 외계인을 발견하고 싶을까? 상당한 비약을 무릅쓰고 대뜸 대답하면, 실은 우리 자신을 발견하고 싶기 때문이다. 우리는 우리와 소통할 수 있는 외계인을 기대한다. 이것은 또 다른 우리를 기대하는 것과 다르지 않다. "외계 지적 생명체 탐사"는 우리 자신에 대한 탐사이기도 하다. 인문학과 자연과학은 늘 서로를 보완한다는 믿음을 품고 보면, 확실히 그렇게 보인다. 이 믿음은 틀림없이 옳다. 왜냐하면 인문학이나 자연과학이나 다 사람이 하는 활동이고, 사람은 "너 자신을 알라!"라는 명령을 결코 외면할 수 없는 동물이기 때문이다.

3장

과학의 사회생활

과학 쇼와 대중의 동맹
최초의 기구 비행과 민간 우주여행

 중부 유럽의 평원에서 인류 최초의 기구가 떠오른 것은 1783년이었다. '기구'라면 공기를 채운 주머니를 뜻하므로, 작은 기구들이 날아오른 일은 그 전에도 숱하게 있었을 테지만, 1783년 11월 21일 파리에서 떠오른 기구는 두 사람을 태우고 고도 2740미터에 도달했다가 하강하면서 27분 동안 파리 상공을 날았다. 몽골피에 형제(조제프 미셸 몽골피에 Joseph-Michel Montgolfier와 자크-에티엔 몽골피에 Jacques-Étienne Montgolfier)가 만든 열기구는 그렇게 인류 최초로 이카로스의 꿈을 실현했다.

 사람을 태우고 떠오를 만큼 강한 양력을 발휘하는 기구

1783년 11월 12일. 파리에서 인류 최초의 기구가 떠올랐다.

를 구상하고 실험할 수 있게 된 것은 화학의 발전 덕분이었다. 우선 1766년에 영국의 헨리 캐번디시Henry Cavendish가 '수소'를 발견한 것을 주목할 필요가 있다. 그는 '수소'를 새로운 원소로 알아채지 못했지만, 얼마 후 프랑스의 앙투안 라부아지에는 그것이 공기보다 훨씬 더 가벼운 새로운 기체임을 알아챘다.

수소를 채운 주머니는 상승하기 마련이다. 아리스토텔레스 풍으로 말하면, 그 상승이 그 가벼운 주머니의 본래 위치를 향한 자연스러운 운동이기 때문이고, 근대 물리학의 언어로 말하면, 물속의 물체가 부력을 받는 것과 똑같은 원리로 공기 속의 물체도 떠밀려 오르는 힘을 받기 때문이다. 그렇다면 주머니에 충분히 많은 수소를 채우고 그 아래에 바구니를 매달아 사람을 태우면, 이제껏 인류가 꿈속에서만 그려온 비행을 실현할 수 있지 않을까? 누가 봐도 그럴싸한 이 발상에서 이른바 '수소 기구'가 탄생했다.

반면에 첫머리에 언급한 몽골피에 형제의 유인 열기구는 수소와 무관하다. 대신, 불과 관련이 있다. 정확히 말하면, 열이 일으키는 공기 밀도의 변화에서 양력을 얻는 비행 기계가 바로 열기구다. 오늘날 우리는 수소를 채운 주머니의 폭발 위험을 잘 알기에, 수소 기구보다 열기구가 훨씬 더 발달한 모델이라고 생각하기 쉽다. 그러나 역사적 진실은 정반대다. 거의 같은 시기(열흘 차이)에 최초의 유인 비행에 성공한 몽골피에 형제의 열기구와 자크 알렉상드르 세자르 샤를Jacques Alexandre César Charles 박사의 수소 기구를 비교해보면, 전자는 사업가들이 서둘러 띄운 애드벌룬에 가까웠고, 후자는 제대로 된 비행 기계였다.

『경이의 시대 The Age of Wonders』의 저자 리처드 홈스Richard Holmes에 따르면, 몽골피에 형제의 최초 유인 비행은 "처음부터 끝까지 동화 같은 일이었고 …… 몽골피에 열기구는 허술하고 사실상 조종이 불가능한 괴물이었다". 반면에 샤를 박사의 수소 기구는 차원이 달랐다.

> 샤를은 여러 혁신적인 기술을 개척했다. 나뭇가지를 엮어 만들어서 풍선 아래에 밧줄로 안전하게 매다는 바구니, 비단 재질에 고무를 바르고 그물을 씌워서 견고하고 기체가 투과할 수 없게 만든 풍선, 풍선 꼭대기에 설치한 조절 가능한 기체 밸브, 또 가장 중요하게는, 항공사가 필요에 따라 킬로그램이나 그램 단위로 투하할 수 있도록 체계적으로 구성한 모래주머니들 등이 그의 발명품이었다. 샤를 박

사는 단 한 번의 천재적인 설계로 사실상 근대 기구의 모든 특징들을 발명하다시피 했다.

— 『경이의 시대』 3장 중에서

아무튼 흥미로운 것은 기구 비행의 시도가 광풍처럼 번진 때와 장소가 1783년이 저물던 무렵의 파리였다는 점이다. 바야흐로 혁명이 다가오던 때였다. 샤를 박사의 수소 기구가 튀일리 공원에서 떠오른 것은 1783년 12월 1일이었는데, 그것을 구경하려고 모인 군중이 40만 명을 넘었다고 한다. 그러니까 당시 파리 인구의 절반이 모인 셈인데, 이는 프랑스혁명 이전의 파리에서 사상 최대의 군중 집회였던 것으로 추정된다.

드높이 솟아오르는 기구를 보려는 대중의 욕망은 쉽게 납득할 만하다. 알록달록한 기구들이 하늘을 가로지르는 광경은 지금도 우리를 설레게 한다. 하지만 그런 대중의 구경 욕구와 준엄한 과학이 일종의 동맹을 맺는 것도 쉽게 납득할 만할까? 화학의 힘으로 떠오른 기구가 40만의 군중을 끌어모은 사건은 그 동맹의 시초를 상징한다. 이것은 바람직한 동맹일까?

일부 독자는 단호히 고개를 가로저을 것이다. 과학은 전문 과학자들의 일이요, 과학에 대한 판단과 평가는 오로지 과학자만 내릴 수 있다면서 말이다. 심지어 극소수 독자는 과학이 대중의 호기심과 욕망에 기대려 하는 것을 역겹게 여길지도 모른다. 그러나 현실에서 과학이 작동하는 방식을 정확히 알고 솔직히 인정하는 독자라면, 구경거리와 과학의 동맹은 납득할 만한 정도가 아니라 과학의 주요 추진력이라는 내 말에 흔쾌히 고개를 끄덕일 것이다.

오늘날의 과학계 안팎을 둘러보라. 온갖 연구기관이 사실상 특별할 것 없는 발견을 획기적인 것으로 애써 포장하여 대중과 언론 앞에 화려한 영상으로 내놓는다. 대중의 눈앞에 놀라운 구경거리가 놓이고, 감탄한 대중과 그들을 대변한다는 언론인과 정치인으로부터 찬사가 쏟아지고, 곧이어 현실의 과학에서 가장 중요하다고 할 만한 연구비의 흐름이 요동친다. 오늘날 대중과 과학이 구경거리를 통해서 맺는 동맹은 정당한지 여부를 따질 사안이 아니라 이미 우리 삶에 깊이 뿌리내린 현실이다.

1789년의 프랑스혁명은 미약하게나마 대중이 역사의 주인공으로 나서려 했던 첫 사례로서 중요하게 평가받는다.

세월은 200년 넘게 흘러, 지금 대중은 수천 미터 상공으로 떠오르는 열기구가 아니라 100킬로미터 상공으로 고객을 모실 버진 갤럭틱Virgin Galactic사의 민간 우주여행에 열광한다. 예나 지금이나 상승은 대중을 설레게 하는 것이 틀림없다. 더구나 지금 대중은 사회와 문화의 거의 모든 영역에서 200년 전과는 비교할 수 없을 정도로 역할이 커졌다. 물론 1789년의 혁명가들이 꿈꾼 대로 평범한 대중이 진정한 역사의 주인공으로까지 격상했는지는 잘 모르겠다.

1780년대 유럽은 과학사에서 '낭만주의 과학혁명'으로 불리는 과정을 겪는 중이었다. 과학은 기존의 맑디맑은 천사의 얼굴과 더불어 끔찍한 괴물(프랑켄슈타인 박사의 괴물!)의 얼굴을 추가로 얻었고, 과학자들은 과학자라는 정체성을 자부하며 대중 앞에 나서기 시작했다(험프리 데이비의 대중 강연들). 그런 식으로 어쩌면 지혜롭고 어쩌면 우스꽝스럽게 대중과 과학이 얽히기 시작했다. 과학은 대중을, 대중은 과학을 만났다. 리처드 홈스는 그 만남의 방식을 이렇게 표현한다.

기구의 등장과 함께 과학은 강력한 새 공식을 발견했다. 화학 더하기 연예인 기질은 군중 더하기 경이감 더하기 돈과 같다는 공식 말이다.

—같은 곳

상당히 비아냥거리는 표현으로 느껴지더라도 진지하게 곱씹을 필요가 있다. 대중과 과학의 동맹은 엄연한 현실이고, 그 동맹을 어떻게 강화하거나 관리하거나 개혁할 것인가는 전적으로 우리 자신의 몫이기 때문이다.

쏠림이 만드는
성공과 실패
디지털 시대가 요구하는 마음가짐

 성공과 실패에는 반드시 이유가 있다고 생각하는 사람들이 있다. 그러니 성공한 사람은 존경하고 본받아야 마땅하고 실패한 사람은 외면하거나 손가락질해도 된다고 생각하는 사람도 적지 않다.

 눈앞의 현상을 그냥 지켜보는 것에 머무르지 않고 그 이유를 탐구하는 것은 무릇 학문의 길에 나선 사람의 기본자세이므로, 이유가 있다는 믿음 자체를 나무랄 일은 아니다. 그러나 문제는 그 믿음이 너무 강해서 인간사에 늘 끼어들기 마련인 우연의 몫을 깡그리 부정하는 지경에 이를 때 불거진다. 그 지경으로까지 증폭되면, 이유가 있다는 믿음은 삶과 학문에 이로운 길잡이의 구실을 하기는커녕 기득권을 옹호하는 형이상학으로 전락하기 십상이다.

만사에 이유가 있다는 믿음의 대표적인 예를 철학사에서 꼽으라면, 17세기 후반부에 활동한 라이프니츠의 충족이유율을 댈 수 있다. 어떤 사건이든지 그것의 발생을 강제하는 이유들이 충족되었기에 발생하는 것이라고 라이프니츠는 가르쳤다. 통제 불가능한 우연 따위의 개입은 없다. 성공할 이유를 충분히 갖춘 사람은 반드시 성공하며, 오로지 그런 사람만 성공한다.

인간들 사이의 모든 갈등을 명쾌한 계산을 통해 해결하고자 했던 철학자 겸 수학자 라이프니츠가 보기에 현실 세계는 모든 가능한 세계들 가운데 가장 좋은 세계였다. 왜냐하면 가능성으로 머물지 않고 현실로 되는 것은 일종의 성공인데, 그렇게 성공했다는 것은 다른 세계들보다 더 우수하다는 증거이기 때문이다. 라이프니츠의 철학에서 유복한 보수주의자의 낙관론을 보는 것은 무리한 시각이 아니다.

그러나 우리가 사는 디지털 시대는 성공과 실패에 대한 라이프니츠 풍의 믿음을 근본적으로 재검토할 것을 요구한다. 유튜브와 페이스북을 보라! 특정 채널이나 게시물이

순식간에 엄청난 구독자와 조회 수를 획득하여 세계적 관심사로 떠오르는 일이 심심치 않게 벌어지는데, 그 채널이나 게시물에 어떤 객관적 가치가 내재하기에 그런 일이 벌어졌는지를 명확히 말할 수 있는 경우는 무척 드물지 않은가. 오히려 어떤 내재적 이유도 없이 그저 운이 좋아서, 그냥 인기가 더 큰 인기를 부르는 피드백 작용의 결과로, 스타가 된 유튜버들을 지목하기가 훨씬 더 쉽다.

일반인들에게 디지털 시대의 본격화를 상징하는 두 사건은 1998년의 구글 창립과 2004년의 페이스북 창립이다. 유튜브는 2005년에 설립되어 이듬해 구글에 합병되었다. 이 회사들이 보유한 막강한 힘은 주로 검색 및 추천 알고리즘에서 나온다. 구글 검색에서 첫 페이지에 뜨지 않는 사이트는 사실상 존재하지 않는 것이라는 세간의 말이 있는데, 결코 과장이 아니다.

페이스북 뉴스피드 화면을 한참 아래까지 스크롤해서 저 밑의 게시물들을 보는 사용자는 거의 없다. 상위 20위나 30위 내에 들지 못한 게시물은 존재하지 않는 것이나 다름없다. 유튜브의 추천 목록 상위권에 들지 못한 동영상도 마찬가지다.

심지어 학술계도 이 같은 디지털 시대의 규칙으로부터 자유롭지 않다. 2004년에 서비스를 시작한 학술 문헌 검색 엔진 '구글 스칼라(구글 학술)'에서 검색 결과의 상위에 뜨는 것은 오늘날 많은 학자가 간절히 바라는 성취다. 그 성취를 위해서는 다른 학자들로부터 많은 인용을 받아야 한다. '구글 스칼라'는 논문의 인용 횟수를 기준으로 검색 결과들을 배열하니까 말이다. 과거에도 어느 정도 그랬지만 지금 학계에서 인용 횟수는 학자와 논문의 가치를 매기는 주요 척도다. 요컨대 대중과 전문가를 막론하고, 현재의 사회문화적 환경에서 우리에게 '생존하기'란 '검색 결과의 상위에 뜨기'와 사실상 동의어다.

문제는 디지털 시대를 지배하는 구글과 페이스북의 검색 및 추천 알고리즘이 속된 말로 '잘되는 놈 밀어주기' 효과를 낸다는 점이다. 물론 애당초 그 알고리즘을 고안한 사람들이 그 효과를 추구했던 것은 아니다. 구글의 원조 '페이지랭크PageRank' 알고리즘은 특정 웹페이지로 이어진 링크들의 개수를 기준으로 그 웹페이지의 중요도를 평가했고, 중요도가 높은 웹페이지를 검색 결과의 상위에 띄웠다. 즉, 인터넷을 사용하는 대중이 실제로 많이 방문하고 거론한 웹페이지를 우대한 것이다.

이 방침이 얼마나 혁신적이었는지 실감하려면 구글 이전의 포털들이 웹사이트의 중요도를 어떻게 평가하여 검색 결과를 배열했는지 알아야 한다. 그 포털들은 각 분야의 전문가들을 고용하여 자기 분야를 다루는 웹사이트들을 평가하게 했다. 예컨대 포털 사용자가 '와인'을 검색하면, 와인 전문가들이 우수하다고 평가한 웹사이트들이 검색 결과로 떴다. 반면에 지금 구글에서 '와인'을 검색하면, 전문가와 비전문가를 막론하고 무릇 인터넷 사용자들이 가장 많이 방문한 웹사이트들이 검색 결과의 상위에 뜬다. 요컨대 구글의 최초 방침은 대단히 민주주의적이었다고 할 만하다.

그러나 그 민주주의적 원리는 일종의 부작용으로 '잘되는 놈 밀어주기' 효과를 내기 마련이다. 왜냐하면 인기가 약간 더 높아서 검색 결과의 상위에 뜬 페이지와 게시물은 더 많은 사용자에게 노출되어 더 높은 인기를 누리게 되기 때문이다. 그러다 보니 처음 인기의 미세한 차이가 나중 인기의 엄청난 차이를 낳는 경우가 발생한다. 웹사이트들 자체의 질은 거의 같은데도, 처음에 조금 더 인기 있던 A 사이트는 해당 분야에서 독점적 지위에 오르고, 처음에 조금 덜 인기 있던 B 사이트는 소리소문없이 사라져버릴 수 있다. 쉽게 말해서 강력한 쏠림이 일어나면서 불평등이 극심해지는 것이다.

어쩌면 이 대목이 가장 흥미로울 법한데, 디지털 시대 이전에도 이 땅의 사회·문화적 환경에서는 '잘되는 놈 밀어주기'가 상당히 강력하게 작동했다는 점을 상기하자. 우리는 남들이 좋아하는 것을 함께 좋아하는 경향이 원래 강했다. 그래서 늘 쏠림이 일어났고 상당히 뚜렷한 대세가 있었다. 적잖은 지식인이 그런 쏠림과 대세의 문화를 비판했지만, 좋건 싫건 간에 그 문화는 이제 전 세계를 지배한다. 비판은 여전히 필요하겠지만, 조금 더 신중해질 필요가 있다고 느낀다.

더 심해지고 더 광범위해진 쏠림의 문화 속에서 우리는 성공과 실패를 어떻게 바라보아야 할까? 이 시대의 성공을 완전히 우연의 탓으로 돌리는 것도, 완전히 내재적 가치의 귀결로 인정하는 것도 어리석은 태도일 테지만, 성공에서 우연이 차지하는 몫이 과거보다 더 커졌다는 점만큼은 틀림없는 사실이라고 본다.

쏠림이 강하게 작동하는 판에서 성공과 실패는 가벼운 것일 수밖에 없고 따라서 가볍게 취급되어야 마땅하다. 우리의 사회문화적 성공은 이미 과거에도 깃털처럼 가벼웠지만 지금 디지털 시대에는 거품 방울보다 더 가볍다는 사실을 인정할 필요가 있다.

가능한 승자들 가운데 가장 우수한 자가 현실적 승자가 된다는 라이프니츠 풍의 생각은 이제 확실히 비현실적이다. 가능한 승자들 가운데 한 명이 우연히 현실적 승자가 된다. 그러므로 우리는 자신과 타인의 성공과 실패를 더 담담하고 유연하게 대할 필요가 있다. 그것이 디지털 시대가 요구하는 마음가짐이다.

논문 저자 1000명의 시대

중력파와 민주주의

2017년 노벨물리학상은 "라이고LIGO 탐지기와 중력파 관측에 결정적으로 기여한" 킵 손Kip S. Thorne, 라이너 바이스Rainer Weiss, 배리 배리시Barry C. Barish에게 수여되었다. 이들의 공로는 과연 무엇이기에 노벨상의 가치가 있는 것일까?

중력파는 아인슈타인의 일반상대성이론이 예측하는 한 현상이다. 기본적으로 파동이어서 흔히 시공의 떨림이 퍼져나가는 것이라고 설명하는데, 중력파가 지나가면 모든 물체의 길이가 미세하게 떨린다. 그런데 그 떨림의 폭이 워낙 작기 때문에, 탐지가 가능할 만큼 강한 중력파는 엄청나게 강한 중력장이 격변할 때만 발생한다.

2017년 노벨물리학상을 받은 연구에서는 4킬로미터에 달하는 길이가 중성자 지름의 1만 분의 1만큼 떨리는 것이 포착되었다. 그 떨림을 유발한 중력파는 13억 광년 떨어진 블랙홀 쌍성계에서 나온 것이었다. 더 정확히 말하면, 공전하는 두 블랙홀이 나선을 그리며 점점 더 접근하다가 결국 융합하는 순간에 그 근처 중력장이 격변했고 그로 인해 발생한 강한 중력파가 13억 년 동안 온 우주로 퍼져나간 끝에 우리 지구의 탐지기에 포착되었다.

일반상대성이론이 세상에 나온 것이 1915년이므로, 중력파는 이론적으로 100여 년 전부터 존재한 셈이지만 최근에서야 비로소 관측된 것이다. 그 100여 년의 절반가량은 관측을 시도하는 사람조차 없이 지나갔다. 1950년대에 선구적으로 중력파 탐색을 시작한 인물은 조지프 웨버Joseph Weber였다. 그는 1960년대에 중력파 탐지를 주장하는 논문들을 잇달아 발표하면서 사실상 중력파 물리학 분야를 개척했다.

그러나 얄궂게도 웨버의 주장들은 1970년대 이래로 신뢰성을 완전히 잃었다. 중력파를 탐지하려면 미세한 길이 변화를 측정하는 장비가 필수적인데, 웨버는 스스로 발명한 '공진共振 막대'를 사용했다. '웨버 바Weber bar'라고도 불리는 이 막대는 길이가 1.5미터에 굵기가 몇십 센티미터인 원기둥 모양의 알루미늄 장치인데, 중력파가 이 막대를 통과하면 막대의 길이가 미세하게 떨린다고 웨버는 주장했다. 그러나 그런 작은 장비로 중력파를 탐지한다는 것은 어림없는 시도라고 오늘날의 과학자들은 판단한다.

노벨상 수상자 킵 손과 라이너 바이스가 1960년대 후반부터 옹호하고 개발한 새로운 중력파 탐지 장비는 간섭계다. 마침내 2015년에 중력파 신호를 포착하여 과학계 전체의 인정을 받은 미국의 '라이고'가 바로 그런 간섭계다. 라이고('레이저 간섭계 중력파 관측소'의 약자)는 각각 워싱턴주와 루이지애나주에 위치한 간섭계 두 대로 구성되어 있으며, 각각의 간섭계는 레이저와 거울들과 길이가 4킬로미터에 달하는 팔(레이저가 이동하는 경로) 두 개를 갖추고 있다. 이 거대하고 값비싼 장비가 앞서 언급한 미세한 길이의 떨림을 측정하는 데 성공한 것이다.

이로써 킵 손과 라이너 바이스의 공로는 충분히 설명된 셈이다. 이들은 중력파 관측 장비인 라이고의 개발에 기여했다. 손의 기여는 주로 이론적이었고, 바이스의 기여는 간섭계의 실제 제작에 관한 것이었다. 그럼 나머지 공동수상자인 배리 배리시의 공로는 무엇일까? 이 대목에서 우리는 자연 현상 그 자체와 관측 장비에 쏠렸던 시선을 거두어 과학을 실행하는 사람들의 집단으로 돌릴 필요가 있다.

노벨상으로 이어진 중력파 신호 포착은 2015년 9월 14일에 이루어졌다. 그래서 그 신호는 GW150914라는 명칭을 부여받았는데(GW는 '중력파gravitational wave'의 약자), 이 GW150914를 최초로 보고하는 논문의 저자 목록에는 무려 1000명이 넘는 사람들이 이름을 올렸다. 그들은 '라이고-비르고 협력단(LVC)'의 주요 구성원이며, 배리 배리시는 이 협력단의 주축인 '라이고 과학 협력단(LSC)'을 창설하고 이런 대규모 연구단의 원활한 작동에 필요한 시스템을 마련한 인물이다. 요컨대 배리시는 초대형 연구의 지휘자로서 공로를 인정받은 것이다.

과학에서 자연 현상 그 자체와 절묘한 장비들보다 더 흥미로운 것은 바로 과학자들이 아닐까 생각한다. GW150914 발견 논문을 쓸 때 1000명이 넘는 저자들은 어떻게 의견을 조율하여 논문 제목을 정하고 주요 문구들을 다듬었을까? 그 논문은 2016년 2월 11일에『피지컬 리뷰

[112] C. Kim, V. Kalogera, and D. R. Lorimer, Astrophys. J. **584**, 985 (2003).
[113] W. M. Farr, J. R. Gair, I. Mandel, and C. Cutler, Phys. Rev. D **91**, 023005 (2015).
[114] J. Abadie *et al.*, Classical Quantum Gravity **27**, 173001 (2010).
[115] B. Abbott *et al.*, arXiv:1602.03847.
[116] LIGO Open Science Center (LOSC), https://losc.ligo.org/events/GW150914/.
[117] B. P. Abbott *et al.* (LIGO Scientific Collaboration and Virgo Collaboration), Living Rev. Relativity **19**, 1 (2016).
[118] B. Iyer *et al.*, LIGO-India Technical Report No. LIGO-M1100296, 2011, https://dcc.ligo.org/LIGO-M1100296/public/main.

B. P. Abbott,[1] R. Abbott,[1] T. D. Abbott,[2] M. R. Abernathy,[1] F. Acernese,[3,4] K. Ackley,[5] C. Adams,[6] T. Adams,[7] P. Addesso,[3] R. X. Adhikari,[1] V. B. Adya,[8] C. Affeldt,[8] M. Agathos,[9] K. Agatsuma,[9] N. Aggarwal,[10] O. D. Aguiar,[11] L. Aiello,[12,13] A. Ain,[14] P. Ajith,[15] B. Allen,[8,16,17] A. Allocca,[18,19] P. A. Altin,[20] S. B. Anderson,[1] W. G. Anderson,[16] K. Arai,[1] M. A. Arain,[5] M. C. Araya,[1] C. C. Arceneaux,[21] J. S. Areeda,[22] N. Arnaud,[23] K. G. Arun,[24] S. Ascenzi,[25,13] G. Ashton,[26] M. Ast,[27] S. M. Aston,[6] P. Astone,[28] P. Aufmuth,[8] C. Aulbert,[8] S. Babak,[29] P. Bacon,[30] M. K. M. Bader,[9] P. T. Baker,[31] F. Baldaccini,[32,33] G. Ballardin,[34] S. W. Ballmer,[35] J. C. Barayoga,[1] S. E. Barclay,[36] B. C. Barish,[1] D. Barker,[37] F. Barone,[3,4] B. Barr,[36] L. Barsotti,[10] M. Barsuglia,[30] D. Barta,[38] J. Bartlett,[37] M. A. Barton,[37] I. Bartos,[39] R. Bassiri,[40] A. Basti,[18,19] J. C. Batch,[37] C. Baune,[8] V. Bavigadda,[34] M. Bazzan,[41,42] B. Behnke,[29] M. Bejger,[43] C. Belczynski,[44] A. S. Bell,[36] C. J. Bell,[36] B. K. Berger,[1] J. Bergman,[37] G. Bergmann,[8] C. P. L. Berry,[45] D. Bersanetti,[46,47] A. Bertolini,[9] J. Betzwieser,[6] S. Bhagwat,[35] R. Bhandare,[48] I. A. Bilenko,[49] G. Billingsley,[1] J. Birch,[6] I. A. Birney,[50] O. Birnholtz,[8] S. Biscans,[10] A. Bisht,[8,17] M. Bitossi,[34] C. Biwer,[35] M. A. Bizouard,[23] J. K. Blackburn,[1] C. D. Blair,[51] D. G. Blair,[51] R. M. Blair,[37] S. Bloemen,[52] O. Bock,[8] T. P. Bodiya,[10] M. Boer,[53] G. Bogaert,[53] C. Bogan,[8] A. Bohe,[29] P. Bojtos,[54] C. Bond,[45] F. Bondu,[55] R. Bonnand,[7] B. A. Boom,[9] R. Bork,[1] V. Boschi,[18,19] S. Bose,[56,14] Y. Bouffanais,[30] A. Bozzi,[34] C. Bradaschia,[19] P. R. Brady,[16] V. B. Braginsky,[49] M. Branchesi,[57,58] J. E. Brau,[59] T. Briant,[60] A. Brillet,[53] M. Brinkmann,[8] V. Brisson,[23] P. Brockill,[16] A. F. Brooks,[1] D. A. Brown,[35] D. D. Brown,[45] N. M. Brown,[10] C. C. Buchanan,[2] A. Buikema,[10] T. Bulik,[44] H. J. Bulten,[61,9] A. Buonanno,[29,62] D. Buskulic,[7] C. Buy,[30] R. L. Byer,[40] M. Cabero,[8] L. Cadonati,[63] G. Cagnoli,[64,65] C. Cahillane,[1] J. Calderón Bustillo,[66,63] T. Callister,[1] E. Calloni,[67,4] J. B. Camp,[68] K. C. Cannon,[69] J. Cao,[70] C. D. Capano,[8] E. Capocasa,[30] F. Carbognani,[34] S. Caride,[71] J. Casanueva Diaz,[23] C. Casentini,[25,13] S. Caudill,[16] M. Cavaglià,[21] F. Cavalier,[23] R. Cavalieri,[34] G. Cella,[19] C. B. Cepeda,[1] L. Cerboni Baiardi,[57,58] G. Cerretani,[18,19] E. Cesarini,[25,13] R. Chakraborty,[1] T. Chalermsongsak,[1] S. J. Chamberlin,[72] M. Chan,[36] S. Chao,[73] P. Charlton,[74] E. Chassande-Mottin,[30] H. Y. Chen,[75] Y. Chen,[76] C. Cheng,[73] A. Chincarini,[47] A. Chiummo,[34] H. S. Cho,[77] M. Cho,[62] J. H. Chow,[20] N. Christensen,[78] Q. Chu,[51] S. Chua,[60] S. Chung,[51] G. Ciani,[5] F. Clara,[37] J. A. Clark,[63] F. Cleva,[53] E. Coccia,[25,12,13] P.-F. Cohadon,[60] A. Colla,[79,28] C. G. Collette,[80] L. Cominsky,[81] M. Constancio Jr.,[11] A. Conte,[79,28] L. Conti,[42] D. Cook,[37] T. R. Corbitt,[2] N. Cornish,[31] A. Corsi,[71] S. Cortese,[34] C. A. Costa,[11] M. W. Coughlin,[78] S. B. Coughlin,[82] J.-P. Coulon,[53] S. T. Countryman,[39] P. Couvares,[1] E. E. Cowan,[63] D. M. Coward,[51] M. J. Cowart,[6] D. C. Coyne,[1] R. Coyne,[71] K. Craig,[36] J. D. E. Creighton,[16] T. D. Creighton,[83] J. Cripe,[2] S. G. Crowder,[84] A. M. Cruise,[45] A. Cumming,[36] L. Cunningham,[36] E. Cuoco,[34] T. Dal Canton,[8] S. L. Danilishin,[36] S. D'Antonio,[13] K. Danzmann,[17,8] N. S. Darman,[85] C. F. Da Silva Costa,[5] V. Dattilo,[34] I. Dave,[48] H. P. Daveloza,[83] M. Davier,[23] G. S. Davies,[36] E. J. Daw,[86] R. Day,[34] S. De,[35] D. DeBra,[40] G. Debreczeni,[38] J. Degallaix,[65] M. De Laurentis,[67,4] S. Déléglise,[60] W. Del Pozzo,[45] T. Denker,[8,17] T. Dent,[8] H. Dereli,[53] V. Dergachev,[1] R. T. DeRosa,[6] R. De Rosa,[67,4] R. DeSalvo,[87] S. Dhurandhar,[14] M. C. Díaz,[83] L. Di Fiore,[4] M. Di Giovanni,[79,28] A. Di Lieto,[18,19] S. Di Pace,[79,28] I. Di Palma,[29,8] A. Di Virgilio,[19] G. Dojcinoski,[88] V. Dolique,[65] F. Donovan,[10] K. L. Dooley,[21] S. Doravari,[6,8] R. Douglas,[36] T. P. Downes,[16] M. Drago,[8,89,90] R. W. P. Drever,[1] J. C. Driggers,[37] Z. Du,[70] M. Ducrot,[7] S. E. Dwyer,[37] T. B. Edo,[86] M. C. Edwards,[78] A. Effler,[6] H.-B. Eggenstein,[8] P. Ehrens,[1] J. Eichholz,[5] S. S. Eikenberry,[5] W. Engels,[76] R. C. Essick,[10] T. Etzel,[1] M. Evans,[10] T. M. Evans,[6] R. Everett,[72] M. Factourovich,[39] V. Fafone,[25,13,12] H. Fair,[35] S. Fairhurst,[91] X. Fan,[70] Q. Fang,[51] S. Farinon,[47] B. Farr,[75] W. M. Farr,[45] M. Favata,[88] M. Fays,[91] H. Fehrmann,[8] M. M. Fejer,[40] I. Ferrante,[18,19] E. C. Ferreira,[11] F. Ferrini,[34] F. Fidecaro,[18,19] L. S. Finn,[72] I. Fiori,[34] D. Fiorucci,[30] R. P. Fisher,[35] R. Flaminio,[65,92] M. Fletcher,[36] H. Fong,[69] J.-D. Fournier,[53] S. Franco,[23] S. Frasca,[79,28] F. Frasconi,[19] M. Frede,[8] Z. Frei,[54] A. Freise,[45] R. Frey,[59] V. Frey,[23] T. T. Fricke,[8] P. Fritschel,[10] V. V. Frolov,[6] P. Fulda,[5] M. Fyffe,[6] H. A. G. Gabbard,[21] J. R. Gair,[93] L. Gammaitoni,[32,33] S. G. Gaonkar,[14] F. Garufi,[67,4] A. Gatto,[30] G. Gaur,[94,95] N. Gehrels,[68] G. Gemme,[47] B. Gendre,[53] E. Genin,[34] A. Gennai,[19] J. George,[48] L. Gergely,[96] V. Germain,[7] Abhirup Ghosh,[15]

논문의 끝에 여섯 쪽에 걸쳐 저자 목록이 실려 있다.

레터스_Physical Review Letters_』에 제출되었으므로, 발견으로부터 논문의 완성까지 5개월이 걸린 셈이다. 그 기간에 일어난 일들은 여러모로 흥미롭기 그지없지만, 내가 주목하고자 하는 것은 과학자 공동체 내부의 민주주의다. 실제로 라이고-비르고 협력단은 저자 목록에 오를 모든 사람에게 반론과 문구 수정의 기회를 제공했으며, 비록 참고용이었지만, 논문 제목을 놓고서는 투표를 실시하기까지 했다.

사람들이 모인 집단이 다 그렇듯이, 라이고-비르고 협력단 안에도 당연히 갈등이 있었다. 어쩌면 사소하게 보이겠지만, 그 연구단 내부에서 이론물리학자들과 실험물리학자들이 발견을 공표할 시점을 놓고 다퉜다. 실험물리학자들은 되도록 빨리 공표하자는 입장인 반면, 이론물리학자들은 연구를 더 보강하여 중력파 원천에 관한 상세한 정보와 함께 공표하자는 입장이었다.

왜 이런 입장 차이가 생긴 것일까? 발견을 공표하면, 그와 동시에 협력단이 보유한 데이터를 공개해야 한다. 그러면 외부의 많은 과학자가 앞다퉈 그 데이터를 분석하여 GW150914에 관한 논문을 쏟아낼 텐데, 협력단 내부의 이론물리학자들은 그것이 마뜩잖았던 것이다. 그들은 데이터를 독점한 상태에서 GW150914 관련 논문을 자기들끼리 최대한 많이 쓰고 싶어 했다. 반면에 실험물리학자들은 데이터를 확보하고 중력파 발견을 확인한 것으로 할 일을 다한 셈이므로 공표를 미룰 이유가 없었다.

결국 타협이 이루어졌는데, 협력단의 고위 구성원들이 주로 실험물리학자인 까닭에, 대체로 실험물리학자들의 입장이 관철되었다. 이것도 여느 인간 집단과 다르지 않은 모습이다. 역시나 과학은 본질적으로 인간의 활동이다. 흔히 대중은 극소수의 천재가 과학적 진실을 단박에 깨달음으로써 과학이 진보한다고 상상하지만, 실상은 전혀 딴판이다. 자연이 진실을 불러주고 우리가 받아 적는 일은 결코 없다. 자연은 늘 말이 없고, 우리는 늘 갑론을박한다. 그리고 우리의 갑론을박이, 우리의 민주주의적 토론이 과학을 진보시킨다.

지금은 이른바 '빅사이언스big science'의 시대다. 저자가 1000명이 넘는 논문은 점점 더 늘어날 것이다. 2015년에 출판된 힉스 입자에 관한 한 논문은 저자가 무려 5154명에 달한다. 이쯤 되면 온 세상의 힉스 입자 전문가들이 모두 저자로 참여했다고 할 만하다. 그렇다면 충분한 전문성과

독립성을 갖추고서 그 논문을 심사하고 비판할 외부 전문가를 구하기가 무척 어렵거나 심지어 불가능하지 않을까? 실제로 이것은 빅사이언스의 시대가 직면한 중대한 문제들 중 하나다. 아마도 해결책은 연구단 내부의 민주주의적 토론과 견제밖에 없을 것이다. 내부 구성원 자신이 외부 심사자와 비판자의 역할을 할 수 있어야 한다. 소수의 개인이 과학 지식을 생산하던 시대는 지난 지 오래다. 지금은 개인이 아니라 팀이 과학을 한다. 그리고 다들 알다시피, 팀의 생명은 민주주의에 달려 있다.

의학의 목표
사회의학의 창시자 루돌프 피르호

 20세기의 위대한 미술가를 딱 한 명만 꼽으라면, 대다수 사람들이 피카소를 지목할 것이다. 미술계 내부의 평판도 유사한 듯하다. 미국 추상화가 잭슨 폴록의 삶을 다룬 영화 〈폴락〉의 앞부분에는 피카소의 이름이 등장하는 장면이 있다.

 화폭을 바닥에 깔아놓고 그 위 허공에서 물감을 듬뿍 찍은 붓을 이리저리 움직이거나 심지어 휘둘러서 화폭에 떨어진 물감이 자유분방한 패턴을 형성하게 만드는 특유의 기법을 아직 개발하지 못한 젊은 시절의 폴록이, 술을 잔뜩 마시고 허름한 집으로 돌아오며 고래고래 소리를 지른다. "젠장, 그놈이 다 해버렸어! 다 해버려서 남아 있는 게 없다니까. 그놈, 그 피카소라는 놈이 벌써 다 해버렸어!"

과연 피카소는 미술가들을 겁먹게 하고 절망시키는 미술가다. 피카소 본인의 생각도 다르지 않았음을 다음과 같은 그의 발언에서 확인할 수 있다. "어릴 적에 어머니가 나에게 말했다. '파블로, 네가 군인이 된다면, 틀림없이 장군이 될 거야. 성직자가 된다면, 틀림없이 교황이 될 거야.' 나는 화가가 되었다. 그리고 피카소가 되었다." 혹시라도 이 발언을 흉내 내지 말기 바란다. 피카소가 아닌 다른 사람이 이런 말을 하면, 모두가 고개를 절레절레 흔들며 당신을 외면할 테니까 말이다.

혹시 자연과학계에도 피카소 같은 인물이 있을까? 가장 먼저 떠오르는 사람은 수학자 카를 프리드리히 가우스 Carl Friedrich Gauss다. 과거 독일의 10마르크 지폐에 등장했던 가우스는 '수학의 왕'으로 불린다. 수학의 다양한 분야에서 업적을 남겼다는 점에서도, 동료 수학자들을 절망시키곤 했다는 점에서도 가우스는 피카소를 닮았다. 그리고 또 한명, 동료 의사들로부터 "의학의 교황"이라는 엄청난 칭호를 받은 루돌프 피르호 Rudolf Virchow가 있다.

피르호는 나폴레옹 전쟁이 끝난 후 독일이 느슨한 연방

체제 아래에서 보수적 질서로 복귀하던 1821년에 태어나 유럽 곳곳에서 혁명이 일어나던 1848년을 몇 년 앞두고 의사로서 첫발을 내디뎠다. 그의 활동 무대인 베를린에서는 1848년 3월에 시민들이 봉기했는데, 공교롭게도 피르호는 그해 2월에 병리학자로서 슐레지엔 동남부로 파견되었다가 3월에 사회개혁가로 변신하여 돌아왔다.

파견 목적은 그 지역에서 티푸스가 창궐하는 원인을 알아내고 대책을 마련하는 것이었다. 피르호의 진단은 명확했다. 그 유행병의 원인은 생물학적인 것이 아니라 정치적인 것이라고 그는 단언했다. 정치의 실패로 많은 주민이 동물처럼 생존하고 있기 때문에 티푸스가 창궐한다는 것이었다. 그렇게 피르호는 '사회의학social medicine'이라는 새로운 의학적 관점의 창시자가 되었다.

슐레지엔의 교회를 비판하고 관료들을 비난하고 귀족들을 조롱하며 돌아온 피르호가 곧바로 마주친 베를린 시민들의 바리케이드를 외면했을 리 없다. 그는 의사로서 바리케이드 위에 올라 전단을 뿌렸다. 이런 문구를 포함한 전단이었다. "의학은 정치적·사회적 삶에 개입해야 한다. 의학의 과제를 정말로 실행하려면, 정상적인 삶을 방해하는 걸림돌들을 뽑아내야 한다."

이런 피르호의 태도를 의아하게 여기는 독자도 있을 것이다. 특히 정치를 한편으로 선망하면서 다른 한편으로 혐오하는 우리 사회의 분위기에서, 의사가 정치와 사회로 관심을 넓히는 것은 수상쩍은 행동으로 보이기 십상이다. 그러나 의학의 과제는 사람들의 건강을 지키는 것임을 상기하라. 그리고 아리스토텔레스의 말마따나 인간은 정치적 동물이라는 점을 돌이켜라.

의학은 인간의 동물적 생명만 다뤄야 할까? 만약에 그렇다면 정신건강의학의 대부분이 폐기되어야 할 것이다. 병의 분자생물학적 메커니즘에 집중하는 현대의학의 좁은 관점에서 벗어나 인간의 삶 전체를 바라보면, 의학은 생물학에 못지않게 사회학과도 긴밀히 교류해야 함을 부인하기 어려워진다. 예컨대 지금 우리 사회의 참담한 자화상인 자살률을 생각해보라. 벌써 여러 해째 세계 최고인 한국의 자살률을 설명하고 적절한 처방으로 낮추려면, 생물학적 연구보다 사회학적 연구가 더 요긴할 것이다.

피르호는 이렇게 말한다. "의학은 사회과학이며, 정치는 다름 아니라 큰 규모의 의학이다."* 왜 아니겠는가? 결국 사람들을 잘 살게 하는 것이 의학의 목표요, 정치의 목표가 아닌가. 물론 '어떻게 사는 것이 잘 사는 것인가?'라는 질문에 명확히 답하기는 어렵다. 일찍이 플라톤이 던진 이 인류 최대의 질문은 철학 전체의 중심축이라고 할 만하다. 그러나 잘 사는 삶, 바꿔 말해 좋은 삶을 위한 연구는 우리의 생물학적 측면뿐 아니라 사회학적 측면도 아울러야 한다는 점을 부정할 사람은 없을 것이다.

실제로 피르호는 정치에 뛰어들어 '독일 진보당'을 공동 창립하고 보수파의 거물 오토 폰 비스마르크Otto von Bismarck와 대결했으며 독일이 통일된 후에는 제국의원까지 지냈다. 그는 다음과 같은 의학적이며 정치적인 명언을 남겼다. "보편 교육을 추구하는 국가는 보편 건강도 추구해야 마땅하다. 건강이 먼저고, 교육이 나중이다! 가장 많은 이익이 남게 돈을 쓰는 방법은 건강을 위해 쓰는 것이다." 다음 문장은 더 간결하고 힘찬 명언이다. "오직 교육, 복지, 자유만이 민중의 지속적 건강을 보장한다."

산이 높으면 골도 깊다더니, 사회의학의 창시자로서뿐

- Rudolf Virchow, *Die medicinische Reform*, Nr.18, 1848.

아니라 현대 병리학의 아버지로도 존경받는 피르호는 당대에 새로운 의학적 패러다임으로 떠오르던 '병원체 이론 germ theory'을 거부하기도 했다. 루이 파스퇴르와 로베르트 코흐가 주창한 병원체 이론은 외부에서 몸에 침입한 병원체가 병을 일으킨다고 보았지만, 피르호는 세포 내부의 비정상적 활동이 병을 일으킨다고 주장했다.

물론 피르호도 병든 조직에서 미생물들이 발견된다는 것을 부인하지 않았다. 그러나 설명이 달랐다. 먼저 조직이 내적 원인에 의해 병들고 나면 외부의 미생물들이 자연스럽게 거기에 깃드는 것이라고, 외부의 미생물들이 조직을 병들게 하는 것이 아니라고 피르호는 설명했다. 이 설명은 의학의 사회적 차원을 중시하는 피르호의 기본 관점과 무관하지 않은 듯하다. 그는 인간의 삶 전체를 고려해야만 병을 이해할 수 있다고 믿었으므로, 우연한 외부 원인이 병을 일으킨다는 이론은 그가 보기에 설득력이 없었을 것이다.

요새 우리 사회에서 매우 유능한 축에 드는 젊은이들은 즐겨 의학을 전공으로 선택한다. 그들의 관심이 생물학에만 국한되거나 심지어 본인의 경제적 풍요에만 국한되지 않기를 바란다. "의학의 교황" 루돌프 피르호는 이미 150년

전에 의사로서 사회와 정치를 주목했다. 의학은 자연과학과 사회과학이 만나는 지점일 수 있다. 더 나아가 의사가 인간의 삶을 다루는 전문가라면, 인문학과 예술도 의사의 관심 분야여야 마땅하다.

가우스는 빈곤층 출신이지만 뛰어난 수학적 업적으로 불멸의 지위에 올랐다. 피르호는 귀족으로 격상하여 "폰 피르호"가 될 기회를 얻었지만 역시나 사회개혁가답게 신분 상승을 거부했다. 잭슨 폴록은 알코올중독에서 헤어나지 못한 채 자동차 사고로 삶을 마감했다.

이론의 정체와 응용의 질주

2025년 노벨물리학상과 양자컴퓨터

 2025년 노벨물리학상이 발표되었다. 1980년대에 캘리포니아의 한 실험실에서 함께 연구한 존 클라크John Clarke, 미셸 데보레Michel Devoret, 존 마티니스John Martinis가 "전기회로에서 거시적인 양자역학적 터널링과 에너지 양자화quantization를 발견한" 공로로 상을 받았다. 같은 팀이 아닌 과학자들이 공동으로 상을 받는 일이 많은 경향과 달리, 한 연구팀의 구성원들이, 그것도 무려 40년 전의 업적으로 상을 받았다는 점만으로도 이 결정은 꽤 참신하다.

 하지만 조금 더 살펴보면 더욱 흥미롭고 의미심장한 점들을 발견하게 된다. 노벨상은 "인류에게 가장 큰 혜택benefit

을 준" 사람들에게 수여하게 되어 있다. 노벨상위원회는 이번 노벨물리학상 수상자를 결정하고 발표할 때 이 취지를 따르면서도 나름대로 순수 연구와 응용 연구 사이에서 균형을 잡으려 애썼다. 또한 이번 노벨물리학상 업적은 과학이 삶으로부터 동떨어진 순수한 지적 활동이 아니라 세상사의 우여곡절과 얽혀 있는 사업이라는 사실을 보여준다. 이 두 가지 점을 짚어보고 숙고하는 것이 이 글의 목적이다.

1. 노벨물리학상 업적의 과학적 측면: 거시적 양자 현상의 구현

우선 노벨상위원회가 인정한 업적, 곧 전기회로에서의 거시적인 양자역학적 터널링과 에너지 양자화의 발견이 무엇인지 이해해야 할 텐데, 안타깝게도 이것은 일반인이 감당하기에 벅찬 과제다. 그러므로 정면 돌파를 시도하는 대신에 주위를 돌며 맥락을 파악하는 것을 출발점으로 삼자.

먼저 알아야 할 것은 양자물리학이다. '현대 물리학'이라고 하면 대체로 20세기 이후의 물리학을 일컫는데, 양자물리학은 현대 물리학의 대표적인 분야로서 20세기 초반에 원자처럼 작은 물리적 대상의 기이한(당시까지의 물리학으로는 설명할 수 없는) 행동을 설명하기 위해 등장했다. 그런 행동 곧 '양자 현상'은 다양하지만, 대표적으로 중첩과 에너지의 불연속성만 살펴보기로 하자. 이번 노벨물리학상 업적을 조금이나마 이해하려면 이 두 가지 양자 현상을 반드시 알아야 한다.

중첩이란 대상의 상태가 하나로 결정되어 있지 않고 여러 상태가 확률적으로 뒤섞인 미결정 상태인 것을 말한다. 예컨대 전자의 속성인 스핀이 중첩되어 위 스핀과 아래 스핀이 뒤섞인 미결정 상태일 수 있다. 흔히 이 경우를 전자의 스핀이 위인 동시에 아래라는 식으로 표현하지만, 이 표현은 명백한 모순을 의미한다는 점에서 오해의 소지가 크다. 중첩 상태는 미결정 상태라고 하는 것이 더 정확하다.

에너지의 불연속성은 양자물리학이 지배하는 세계의 가장 근본적인 특징이며 애당초 양자물리학으로 나아가는 연구의 단서가 된 현상이다. 17세기에 라이프니츠는 "자연은 도약하지 않는다"라는 원리를 내놓은 바 있다. 아닌 게 아니라, 우리가 경험하는 자연적 변화는 늘 연속적인 듯하다. 온도는 1도에서 100도로 오를 때 한꺼번에 훌쩍 뛰어오르지 않고 점진적으로 2도, 3도 등을 거쳐 100도까지 올라간다. 길이의 증가, 시간의 흐름, 질량의 증가도 마찬가지로 연속적이다. 이렇게 길이, 시간, 질량이 연속적이라면 우리가 다루는 모든 물리량이 연속적이라는 뜻이다. 따라서 물리학이 서술하는 자연도 당연히 연속적이다. 적어도 1900년 즈음까지는 그러했다.

그러나 20세기가 시작될 무렵에 막스 플랑크를 비롯한 물리학자들은, 흑체복사라는 특수한 물리적 현상을 이해하려면 에너지를 불연속적인 양으로 간주해야 한다는 결론에 이르렀다. 즉, 에너지의 최소 단위가 있고, 에너지의 변화는 그 단위보다 더 작게 일어날 수 없다는 것이었다. 이를 전문 용어로 에너지의 양자화라고 한다. 처음에 가설로 제안된 에너지의 양자화 곧 불연속성은 양자물리학이라는 새로운 분야의 주춧돌이 되었고, 양자물리학은 1925년에 베르너 하이젠베르크Werner Heisenberg가 행렬역학을 발표하고 이듬해에 슈뢰딩거가 파동역학을 발표함으로써 이론적 기틀을 갖췄다. 여담이지만 유엔은 2025년을 양자 과학기술의 해로 선포했다. 하이젠베르크의 행렬역학이 탄생한 지 100년 된 2025년을 그렇게 기념한 것이다. 이제 양자물리학을 통해 우리가 아는 자연은 놀랍게도 "도약한다". 길이,

시간, 질량을 비롯한 모든 물리량이 다 불연속적이다. 다만 그 불연속성이 눈에 띄지 않을 만큼 미미해서 자연의 변화가 연속적으로 느껴질 따름이다.

요컨대 양자물리학에 따르면, 대상은 중첩 상태에 있을 수 있고, 에너지는 최소 단위가 있는 양이어서 연속적으로 증감할 수 없고 불연속적으로 도약하듯 늘어나거나 줄어들 수만 있다. 이것은 이미 100년 전에 밝혀진 양자 현상들이다. 그렇다면 이번 노벨물리학상 수상자들이 1985년에 이룬 업적은 왜 중요할까? 양자역학적 터널링과 에너지 양자화를 발견했다는데, 후자는 이미 100년 전에 발견되었다. 양자역학적 터널링도 본질적으로 중첩과 직결된다. 왜냐하면 터널링의 결과가 중첩이기 때문이다.

양자역학적 터널링이란 에너지 장벽에 가로막힌 대상이 그 장벽을 통과하는 것을 의미한다. 고전 물리학에서는 에너지 장벽을 뛰어넘는 것만 가능하고, 그러려면 대상이 장벽의 높이보다 더 큰 에너지를 얻어야 한다. 반면에 양자물리학에서는 에너지 장벽을 관통하는 것이 가능하다. 그러나 여기에서도 관통이 확률적 관통이라는 점을 유념해야 한다. 터널링이 일어난다는 것은, 장벽 너머에서 대상이 발견될 확률이 0이 아니게 된다는 것이다. 즉, 터널링의 결과로 대상은 장벽에 가로막힌 상태와 장벽을 통과한 상태의 중첩 상태에 놓인다. 그러므로 양자역학적 터널링을 발견했다는 것은 중첩이 실현된다는 것을 발견했다는 것과 그리 다르지 않다. 그렇다면 이번 노벨물리학상 수상자들은 100년 전의 발견을 다시 이뤄낸 것일 뿐일까?

주목해야 할 것은 노벨상위원회가 "양자역학적 터널링과 에너지 양자화" 앞에 붙인 "거시적인"이라는 수식어다. 존 클라크 등의 업적은 이 두 가지 양자 현상이 맨눈으로도 볼 수 있을 만큼 큰 전기회로에서 일어나는 것을 실험을 통해 확인한 것이다. 양자물리학은 원자만큼 작은 미시적 대상에서 일어나는 양자 현상들을 설명하기 위해 개발되었지만, 거시적 규모의 양자 현상들을 금지하지 않는다. 즉, 중첩과 에너지 양자화는 원리적으로 거시적 대상에서도 발생하고 확인될 수 있다.

일찍이 슈뢰딩거는 이처럼 거시적 양자 현상이 가능하다는 점을 문제로 지적하면서 유명한 "슈뢰딩거의 고양이"를 예로 들었다. 슈뢰딩거의 고양이는 산 상태와 죽은 상태의 중첩 상태로 있는 고양이다. 이런 고양이의 존재는 사리에 맞지 않으며, 따라서 양자물리학에는 무언가 결함이 있다는 것이 슈뢰딩거의 판단이었다. 하지만 양자물리학은 슈뢰딩거의 고양이와 같은 거시적인 양자 현상을 엄연히 허용하며, 후대의 물리학자들은 그런 현상을 구현하는 일에 도전해왔다.

대표적인 예로 2022년에 노벨물리학상을 받은 안톤 차일링거는 C_{60} 분자(탄소 원자 60개로 이루어진 공 모양의 분자)를 사용한 이중슬릿 실험에 참여한 것으로 유명하다. 입자의 파동성을 증명하는 이중슬릿 실험은 통상적으로 전자처럼 작은 입자를 사용하지만, 차일링거가 참여한 빈 대학교 연구팀은 1999년에 전자보다 더 큰 C_{60}을 사용하여 파동 특유의 간섭무늬를 얻는 데 성공했다. 이는 대단한 기술적 성취다. 왜냐하면 입자가 커질수록 환경과의 상호작용을 차단하여 입자의 파동성을 유지하기가 더 어려워지기 때문이다.

C_{60}은 전자보다 크긴 하지만 지름이 0.7나노미터에 불과하다. 따라서 차일링거의 팀이 구현한 양자 현상은 여전히 미시적 세계에 머물러 있는 셈이다. 반면에 이번 노벨상 수상자들은 초전도 전기회로에서 양자 현상들을 구현했는데,

초전도 전기회로는 맨눈으로 볼 수 있을 만큼 크다. 그러므로 이들의 업적이야말로 진정한 거시적 양자 현상의 구현이다. 이 업적은 "인공 원자$_{\text{artificial atom}}$"를 제작한 것과 같다. 왜냐하면 존 클라크 등이 제작한 초전도 회로에서는 에너지의 양자화가 일어나기 때문이다. 즉, 그 회로는 불연속적인 에너지 상태를 갖는다. 그 회로는 에너지가 가장 낮은 바닥 상태이거나, 더 높은 첫째 들뜬 상태이거나, 그보다 더 높은 둘째 들뜬 상태이거나 등이다. 이는 자연적인 원자와 마찬가지다. 원자도 불연속적인 에너지 상태들을 가질 수 있다. 이런 연유로 초전도 전기회로를 '인공 원자'라고 부르는 것이다.

눈에 보이는 인공 원자의 제작이라는 대단한 업적을 가능케 한 기반은 초전도 연구다. 앞서 인용한 노벨상위원회의 공로 인정 문구는 "전기회로"만 언급하지만 친절한 설명을 위해서는 '초전도 전기회로'라고 하는 편이 더 적절하다. 아마도 대중에게 친근하게 다가가기 위해 '초전도'를 뺀 것이 아닐까 싶다. 초전도 현상은 몇몇 특정한 물질이 아주 차가운 온도(영하 273도 근처)에서 전기 저항을 잃는 것을 말한다. 이 현상이 존 클라크 등이 구현한 인공 원자의 중첩 및 에너지 양자화와 어떻게 연결되는지에 관한 어려운 세부 사항은 제쳐두기로 하자. 다만, 초전도 현상에 대한 연구의 연장선에서 그들의 업적이 이루어졌다는 점만 짚어두자. 요컨대 양자물리학에 못지않게 초전도 연구도 그들의 인공 원자를 위해 필수적이었다.

과학적 설명은 이 정도로 마무리하자. 요약하자면, 존 클라크가 지휘한 버클리 캘리포니아대학 연구팀 세 명은 1985년에 거시적 양자 현상들을 초전도 회로에서 구현한 공로로 40년이 지난 2025년에 노벨상을 받았다. 이것은 대단한 업적이다. 앞서 잠깐 언급했듯이, 양자 현상은 미시적 세계에서는 늘 일어나지만 거시적 세계에서는 고도의 기술을 사용해야만 일으키고 확인할 수 있기 때문이다.

하지만 만약에 이런 과학적 측면이 이번 노벨상 업적의 전부였다면, 적잖은 이들이 노벨상위원회의 결정을 의아하게 여겼을 것이다. 안톤 차일링거 등도 꽤 큰 규모의 양자 현상을 구현한 데다가, 진정한 거시적 양자 현상도 초전도 회로에만 국한되지 않기 때문이다. 예컨대 극도로 낮은 온도에서 헬륨 액체가 점성 없이 흐르는 초유동superfluidity 현상이나 기체 상태의 보손boson 입자들이 양자 상태를 공유하고 단일한 파동처럼 행동하는 보스-아인슈타인 응축Bose-Einstein condensation은 이미 잘 알려지고 활발히 연구되는 거시적 양자 현상이다. 순수한 과학적 관점에서 보면 이 현상들의 중요성이 이번 노벨상 수상자들이 구현한 초전도 인공 원자보다 작다고 하기 어렵다.

2. 노벨물리학상 업적의 기술적 측면: 초전도 큐비트

그러나 과학자들의 다수는 이번 노벨상 선정에 고개를 끄덕인다. 왜냐하면 존 클라크 등이 초전도 회로를 통해 구현한 인공 원자는 중대한 기술적 의미를 지녔기 때문이다. 흥미롭게도 노벨상위원회는 그 기술적 의미를 전면에 내세우지 않고 보도자료의 말미에서만 살짝 언급하는데, "양자컴퓨터quantum computer"라는 단어가 그 의미를 대변한다. 초전도 인공 원자는 양자컴퓨터의 핵심 기반인 큐비트qubit로 활용하기에 딱 좋은 대상이다. 왜냐하면 현재의 기술로 생산하고 유지하고 조작하고 측정하기가 다른 큐비트 후보들과 비교할 때 상대적으로 쉽기 때문이다. 만약에 이 기술적 가능성이 없었다면, 존 클라크 등이 노벨상 수상자로 선정되기는 어려웠을 것이다.

초전도 인공 원자가 큐비트로 쓰일 수 있는 것은 에너지의 양자화 때문이다. 큐비트란 무엇일까? 현재의 컴퓨터에서 정보의 기본 단위는 비트인 반면, 아직 실용화되지 않은 양자컴퓨터에서 정보의 기본 단위는 큐비트다. 비트는 0이나 1이라는 확정된 상태로 존재하는 반면, 큐비트는 0과 1이 확률적으로 뒤섞인 중첩 상태로 존재할 수 있다. 이런 큐비트를 생산하고 조작하여 계산을 실행하려면 당연히 양자 중첩 현상을 구현하고 조작할 수 있어야 하는데, 이를 위한 유망한 접근법 하나가 바로 초전도 인공 원자를 큐비트로 활용하는 것이다.

존 클라크 등이 제작한 인공 원자가 어떻게 큐비트의 역할을 할 수 있을까? 초전도 인공 원자의 에너지 상태 두 개를 0과 1로 삼으면 된다. 초전도 인공 원자의 에너지 상태들은 불연속적이기 때문에 0과 1처럼 확연히 구별된다. 더구나 자연적인 원자들은 대개 에너지가 가장 낮은 바닥 상태만 안정적이고 들뜬 상태들은 불안정해서 곧바로 바닥 상태로 내려오는 반면, 초전도 인공 원자는 첫째 들뜬 상태도 어느 정도 안정적(준안정적 metastable)이어서 일정한 시간 동안(비록 몇백 마이크로초에 불과하지만) 유지될 수 있다.

더 나아가 0에 해당하는 바닥 상태와 1에 해당하는 들뜬 상태의 중첩도 구현할 수 있다. 초전도 인공 원자의 상태는 마이크로파로 조작하는데, 이 마이크로파를 교묘하고 적절하게 사용하면 0과 1의 중첩 상태를 만들어낼 수 있다. 따라서 초전도 인공 원자를 큐비트로 활용할 수 있다.

과학과 기술에 관한 설명은 이 정도로 충분하다. 초전도 인공 원자로 구현한 큐비트(초전도 큐비트)나 기타 방식으로 구현한 (예컨대 이온 트랩, 퀀텀닷, 중성 원자에 기초한) 큐비트를 사용하는 양자컴퓨터 기술을 자세히 살펴보는 것은 이 글의 범위를 벗어난다. 대신에 양자컴퓨터라는 새로운 기술적 가능성이 주목받게 된 맥락과 향후 전망에 초점을 맞추기로 하자.

일부 미디어의 요란한 찬사에서 양자컴퓨터는 마치 도깨비방망이나 만병통치약 같은 획기적인 기술이다. 현재의 컴퓨터로 까마득한 세월이 걸려도 풀지 못할 문제를 양자컴퓨터는 몇 분, 몇 초 만에 풀 수 있다고 한다. 양자컴퓨터는 "AI 다음의 게임 체인저"라는 당당한 선언(『정지훈의 양자컴퓨터 강의』의 표지 문구)이 우리의 관심을 사로잡는다. 과연 양자컴퓨터는 세계를 근본적으로 바꿀 신기술일까?

3. 양자컴퓨터를 둘러싼 열광

서둘러 결론부터 말하면, 양자컴퓨터를 둘러싼 현재의 열광은 상당한 정도로 거품일 가능성이 높다. 근거는 크게 두 가지다. 첫째, 실용적인 양자컴퓨터를 만들어내는 일이 기술적으로 매우 어렵다. 둘째, 설령 만들어내더라도, 양자컴퓨터가 우리에게 필요한 모든 과제에서 대단한 위력을 발휘할 수 있는 것은 결코 아니다. 양자컴퓨터는 한정된 분야에서만 막강한 성능을 발휘하고 나머지 많은 분야에서는 현재의 컴퓨터보다 오히려 더 느리다.

물론 미디어만 호들갑을 떠는 것은 아니다. 양자컴퓨터 연구에 막대한 투자가 이루어지고 있다. 양자물리학 전체에 투자되는 민간 자금의 80퍼센트가 양자컴퓨터 연구로 쏠린다는 보고가 있다. 이번 노벨상 업적이 나온 초전도 연구 분야에서도 지금은 전체 연구자의 절반 이상이 양자컴퓨터 쪽으로 방향을 틀었을 것으로 추정된다. 그러나 이런 열광은 과학적 근거를 갖췄다기보다는 주로 사업적 전망에 의지한 것이라고 보는 편이 더 합당하다.

양자컴퓨터는 무엇보다도 사업적으로 유망하다. 왜냐하면 양자컴퓨터는 지금 우리가 사는 디지털 사회의 필요에 부응하는 기술이기 때문이다. 현재 우리 사회를 추진하는 디지털 기술의 주요 기능은 막대한 데이터를 처리하는 것, 어마어마한 데이터에서 패턴을 찾아내는 것이다. 이 작업은 아주 많은 사례를 두루 살핀다는 점에서 기본적으로 통계학적인데, 양자컴퓨터가 엄청난 성능으로 신속하게 해결할 수 있는 문제가 바로 확률적(통계적) 구조를 가진 문제, 즉 많은 가능한 경우를 동시에 고려하고 그중 특정한 패턴, 주기, 구조를 찾아내는 문제다. 지금 이런 문제를 담당하는 첨단 기술은 AI다. 그러므로 양자컴퓨터가 "AI 다음의 게임 체인저"라는 선언은 일리가 있다. 단, 현재의 데이터 처리 수요와 이에 부응하는 디지털 기술의 중요성이 미래에도 유지된다고 전제할 때만 그러하다.

미디어는 대개 언급하지 않지만, 확률적 구조를 띠지 않은 문제를 풀 때는 양자컴퓨터가 오히려 현재의 컴퓨터보다 더 느리다는 점을 유념해야 한다. 즉, 양자컴퓨터는 특정한 유형의 문제 앞에서만 막강한 위력을 발휘한다. 이것은 현재 우리가 도달한 양자컴퓨터 기술의 한계 때문이 아니라 양자컴퓨터의 근본적인 특징 때문이다. 양자컴퓨터의 작동 방식이 효과를 낼 수 없는 대다수의 문제, 예컨대 순차적 계산 문제를 해결할 때는 고전적인 컴퓨터가 압도적으로 더 빠르다.

이토록 한계가 역력한데도 양자컴퓨터에 투자가 몰려드는 것은 어떤 기대 때문일까? 1994년에 개발된 쇼어 알고리즘Shor's algorithm을 주목할 필요가 있다. 미국 수학자 피터 쇼어Peter Shor가 개발한 이 알고리즘은 양자컴퓨터로 소인수분해를 해내는 절차다. 쇼어 알고리즘의 등장으로 미래에 양자컴퓨터가 실현되면 아주 큰 수를 신속하게 소인수분해 할 수 있다는 것이 수학적으로 증명되었다. 이 획기적인 사건은 양자컴퓨터 연구가 폭발적으로 성장하는 계기가 되었다.

왜 소인수분해라는 특수한 문제 하나가 과학 분야 하나를 급성장시킬 정도로 세간의 주목을 받은 것일까? 다름 아니라 암호 기술 때문이다. 디지털 통신과 거래에서 현재 사용되는 거의 모든 암호는 아주 큰 수의 소인수분해가 대단히 어려운 과제라는 사실에 기초하여 작동한다. 바꿔 말해, 아주 큰 수를 쉽게 소인수분해 할 수 있다면, 현재의 암호를 거의 다 뚫어낼 수 있다. 아주 큰 수의 소인수분해는 현재의 컴퓨터로는 너무 긴 시간이 걸려서 사실상 불가능한데 양자컴퓨터로는 가능함을 쇼어 알고리즘이 증명한 것이다. 이것은 그야말로 경천동지驚天動地할 소식이었다. 특히 암호 시스템을 운영하는 사업가들이 이 소식에 귀를 기울였을 것은 불을 보듯 뻔하다.

물론 쇼어 알고리즘 하나 때문에 양자컴퓨터 연구가 활발해졌다고 하면 심한 과장일 터이다. 양자컴퓨터가 막강한 위력을 발휘할 수 있는 다른 중요한 문제들도 있다. 하지만 쇼어 알고리즘이 사업가의 야심에 불을 지피기에 충분할 만큼 매력적이라는 것도 엄연한 사실이다. 당신이 양자컴퓨터를 개발하고 쇼어 알고리즘을 작동시켜 세상의 암호를 거의 모두 무력화한다면, 당신은 세상을 바꾸는 혁명가가 될뿐더러 막대한 경제적 이익도 챙기게 될 것이다. 그렇다면 양자컴퓨터 연구에 투자할 가치가 있지 않겠는가!

4. 노벨상위원회의 절묘한 줄타기

이 대목에서 새삼 돌아보게 되는 것은 노벨상위원회의 공로 인정 문구와 보도자료다. 존 클라크, 미셸 데보레, 존 마티니스를 수상자로 선정한 위원들은 그들이 이룬 업적의 과학적 측면을 내세우고 기술적 측면은 부차적으로만 살짝 언급한다. 즉, 거시적인 양자 현상을 구현했다는 점을 강조하면서, 양자컴퓨터 개발에 기여했다는 점은 중요하게 언급하지 않는다. 나는 이를 현명한 선택으로 평가하는데, 이것은 독특한 평가가 아닌 듯하다.

2025년 10월 7일 자 『사이언티픽 아메리칸』 온라인 기사 「양자의 기이함을 인정하고 과장 광고를 피한 노벨물리학상 How the Physics Nobel Recognized Quantum Weirdness and Avoided Hype」을 쓴 댄 개리스토 Dan Garisto에 따르면, 많은 물리학자는 노벨상 위원회가 이런 식으로 과장 광고를 피하고 양자컴퓨터를 중시하지 않은 것을 옳은 선택으로 본다. 기사의 첫머리에 달린 요약 문구는 이러하다. "2025년 노벨물리학상은 거시적인 양자물리학을 존중하는 한편, 양자컴퓨팅을 둘러싼 논란에서 발을 뺀다." 말미에 인용된 예일 대학교 물리학 교수 스티븐 거빈 Steven Girvin은 "(양자컴퓨터를 비롯한) 실용적 응용들이 없어도 (존 클라크 등이 수행한) 이 실험의 중요성을 충분히 정당화할 수 있다"면서 "양자컴퓨팅이 실제로 얼마나 실용적이게 될지 우리는 아직 모른다"고 덧붙인다. 내 평가와 대체로 일치하는 논평이다.

그러나 그렇게 결론짓고 글을 맺기 전에 이런 질문을 다시 던질 필요가 있다. 노벨상위원회가 양자컴퓨터를 염두에 두지 않았다면 과연 이번 수상자들을 선정했을까? 아마도 선정하지 않았을 것이다. 거듭되는 말이지만, 거시적인 양자 현상의 구현만을 내세워 존 클라크 등에게 노벨상을 수여하기에는 이들의 업적이 충분히 탁월하지 않다고 할 만하다. 노벨상위원회는 양자컴퓨터를 둘러싼 세간의 열광을 필시 고려했을 것이다. 애당초 노벨상은 "인류에게 혜택을 준" 연구에 수여된다. 구체적인 응용 성과나 가능성이 없는 이론적 연구로는 노벨상을 받기 어렵다. 아인슈타인의 상대성이론이나 호킹의 블랙홀 연구가 노벨상을 받지 못한 것이 대표적인 사례다. 노벨상위원회가 양자컴퓨터를 고려하는 것은 충분히 자연스럽다.

결론적으로 노벨상위원회는 절묘한 줄타기를 한 것으로 보인다. 존 클라크, 미셸 데보레, 존 마티니스에게 상을 준 위원들은 양자컴퓨터에 대한 열광을 고려하고 어느 정도 거기에 편승했지만 그런 사실을 내보이고 싶지 않았다. 이는 양자컴퓨터의 미래가 불확실하기 때문이기도 하겠지만, 노벨상이 세속적인 응용보다 순수한 과학적 업적을 중시한다는 인상을 주기 위해서이기도 할 것이다. 참고로

2024년 노벨물리학상을 돌아볼 만하다. 2024년 노벨물리학상은 AI 연구자들에게 수여되어 적잖은 논란을 일으켰다. 당시에 많은 물리학자는 AI 연구가 과연 물리학인지에 대하여 의문을 제기했다.

5. 사업으로서의 과학: 이론의 정체와 응용의 질주

과학은 인간의 삶 속에 내장된 인간의 활동, 세상사의 우여곡절과 뗄 수 없게 연결된 활동이다. 물론 과학은 세속적 관심을 초월한 진리 탐구의 면모도 분명히 띠었지만, 그런 면모를 과학의 전부로 간주하는 것은 비현실적인 과학관이며 심지어 과학의 우상화다. 특히 오늘날의 과학은 기본적으로 사업이다. 물론 과학은 과거에도 늘 지식의 획득을 목표로 한 사업이었지만, 지금 과학이라는 사업의 목표는 지식을 넘어 경제적 이익까지 아우르는 것이 현실이다.

당장 2025년 노벨물리학상 수상자 중 두 명이 지금 민간 기업에서 일하고 있다는 점을 유념하라. 존 마티니스는 구글 양자 AI 팀에서 일하다가 2022년에 큐오랩$_{Qolab}$이라는 양자컴퓨팅 스타트업을 공동 창업했고, 미셸 데보레는 현재 구글 양자컴퓨팅 분과의 수석과학자다. 가장 연장자인 존 클라크만 명예교수로 남아 있다. 그는 민간 기업에 소속되었던 기록도 없다. 이런 점에서 그는 구시대의 과학자인지도 모르겠다.

과학이 "인류에게 혜택을 주는" 사업으로서 민간 자본과 협력하는 것은 나무라거나 꺼릴 일이 결코 아니다. 과학이 인간의 활동으로서 다른 모든 활동과 어깨를 나란히 하는 것이 당연하다. 노벨상이 실용적 성과를 높이 평가한다는 점도 비판받아야 할 이유일 수 없다. 노벨상은 과학의 성취 전체를 대표할 수 없으며 애당초 그럴 의도도 없다. 오히려 노벨상 수상 여부가 개별 과학자나 국가가 이룬 과학적 성취의 수준을 단적으로 보여준다고 착각하는 이들이 있다면, 그들을 비판해야 마땅하다.

그러나 현재의 디지털 사회에서 과학이 하나의 사업으로서 실행되는 방식이 과학을 편향시킬 가능성만큼은 냉철하게 지적할 필요가 있다. 우리 사회가 과학을 어느 한 방향으로 몰아간다면, 우리는 다양한 과학적 가치들을 등한시하고 심지어 상실할 위험에 처하게 될 것이다. 2025년 노벨물리학상을 받은 연구는 양자컴퓨터를 매개로 현재의 디지털 사회와 연결된다는 점에서 노벨상위원회의 주목을 받고 대중의 관심을 끌 만하다. 2025년 노벨물리학상은 과학이 시대와 사회의 요구에 부응하는 사업이라는 점을 잘 보여준다. 하지만 여기에서 혹시 어떤 편향도 발견할 수 있을까?

야멸차게 평가하자면, 2025년 노벨물리학상은 응용 연구의 질주와 이론 연구의 정체를 염려하게 만드는 면이 있다. 초전도 현상을 설명하는 이론은 1950년대 이후 이렇다 할 발전이 없으며, 특히 고온 초전도 현상은 거의 불가사의한 수수께끼로 남아 있는 형편이다. 그럼에도 많은 초전도 연구자는 1990년대 이후 양자컴퓨터라는 매력적인 응용 분야로 방향을 틀어 풍부한 지원을 받으며 활발하게 연구를 이어왔으며 급기야 2025년 노벨상까지 받았다. 그야말로 이론의 정체와 응용의 질주인 셈이다.

이 같은 불균형은 현재 가장 영향력이 큰 과학 분야라고 할 만한 AI 연구에서 더욱 뚜렷하게 나타난다. AI 연구의 성패는 첨단 칩을 얼마나 많이 확보하느냐에 달렸다고들 한다. 정말로 그렇다면, AI 연구는 그야말로 규모의 경제가 지배하는 전형적인 사업이다. 방대한 데이터, 다량의 고성능 칩, 풍부한 자본이 주도하는 이 사업에 지금 우리나라는 국가적 역량을 쏟아부으려는 참이다. 거듭 말하지만, 과학을 사업으로서 번창시키는 것은 비판할 일이 아니다. 다만, 이런 흐름이 과학을 편향시킬 위험성만큼은 주의할 필요가 있다.

AI 연구에서 이론의 정체를 지적하려면 대표적으로 XAI, 곧 설명 가능한 AI$_{explainable\ AI}$를 추구하는 연구의 답보를 예로 들 수 있다. XAI란 AI가 결정을 내릴 때 그 이유를 인간 사용자가 이해할 수 있게 설명하도록 만드는 기술이다. 일부 물리학자와 수학자가 XAI 이론을 연구하고 있긴 하지만, 대다수 연구자는 애당초 XAI의 필요성에 관심을 두지 않다시피 하는 형편이다. 계산 성능의 향상이 거의 유일한 목표다. 현재의 AI 연구를 지배하는 분위기는 갈 데까지 가보자는 식의 물량 투입과 규모 확대다.

이제 글을 마무리하자. 노벨상위원회는 2025년 노벨물리학상 수상자들을 결정하고 발표하면서 나름대로 절묘하게 줄타기를 했다. 양자컴퓨터와의 연관성이 빤히 보이는 업적에 상을 주면서도 기초 연구를 내세우고 양자컴퓨터를 뒤로 뺌으로써 응용에 치중한다는 인상을 주지 않으려

한 것인데, 이런 공들인 균형 잡기가 오히려 오늘날 사업으로서의 과학이 처한 상황인 이론의 정체와 응용의 질주를 떠올리게 한다. 사람이라면 누구나 그러하듯이 앎과 삶을 위해 매 순간 선택하고 길을 개척하는 과학자들에게, 또한 이론의 정체와 응용의 질주 사이에서 균형을 잡으려 애쓰며 과학자들의 사업을 북돋는 노벨상위원회에 박수를 보낸다.

4장　　　　　　　　　얻는 것과 잃는 것

폭발력과 통제 불가능성

니체와 다이너마이트

한 시대의 분위기를 예민하게 포착하고 거기에 반응하는 것이 지식인의 본분이라면, 니체는 훌륭한 지식인이다. 1844년에 태어나 1880년대에 대표작들을 쓴 그는 당대의 분위기를 "퇴폐decadence"라는 한마디로 요약했다. 활력이 넘치는 전성기는 벌써 지났고, 이제 모든 것이 저무는 마지막 단계가 도래했다는 것이다. 니체는 자신도 예외가 아님을 인정한다. 자기 자신도 "퇴폐한 자"라고 스스로 폭로한다. 니체의 시대 진단은 그리스 비극의 비장함을 넘어 길 잃은 아이의 막막함에 이른다.

과연 니체의 시대는 그토록 절망적이었을까? 세계가 휠

씬 더 넓어지고 복잡해져서, 이제 어떤 개인도 시스템 전체를 환히 굽어볼 수 없게 된 것은 틀림없는 사실이었다. 1832년에 사망한 괴테만 해도 예술, 과학, 철학, 정치에 두루 정통한 지식인일 수 있었다. 그는 『젊은 베르테르의 슬픔』을 써서 온 유럽의 사랑을 받았고, 『색채론』을 써서 뉴턴의 광학과 대결했으며, 당대 독일의 낭만주의자들과 불가근불가원의 관계로 교류하는 독보적인 사상가였고, 교육 및 문화 행정에 깊이 관여하는 고위 정치가이기도 했다.

이런 만능 지식인이 존재할 수 있었던 이른바 "괴테 시대"(일반적으로 1770~1830)는 니체에게 비현실적인 전설과 다름없었다. 과학계 내부에서도 런던 왕립학회 같은 포괄적인 모임보다는 세분화된 지질학회, 천문학회, 물리학회 등이 발전을 주도하고 있었다. 1789년의 프랑스혁명을 필두로 유럽 곳곳에서 거듭 일어나는 봉기 혹은 소요는 지식인들로 하여금 민중이라는 다소 낯선 세력의 부상을 차츰 인정하게 만들었다. 경제는 식민지에서 유입되는 부를 부분적인 바탕으로 급격히 성장하고 있었지만, 외견상 긍정적인 이 변화조차도 일부 지식인에게는 혼란과 불안의 요인일 따름이었다.

한마디로, 니체 시대의 지식인은 문득 자신의 왜소함을 절감할 만했다. 복잡한 세계 앞에서, 감당할 수 없을 만큼 다양한 지식과 문화와 기술 앞에서, 성큼성큼 다가오는 민중 앞에서, 마치 독자적인 엔진을 장착하기라도 한 것처럼 무섭게 성장하는 경제 앞에서, 당대의 지식인은 한편으로 움츠러들면서 다른 한편으로 무언가 근본적으로 새로운 길을 모색할 만했다.

그리하여 플라톤과 아리스토텔레스 이래로 지식인들이 신뢰해온 이성은 만능열쇠가 아니라는 전적으로 옳은 깨달음을 앞세우는 사상가들이 한 시대를 이끌게 되는데, 바로 그 선봉에 니체가 있다. 그러나 안타깝게도 그들은 그 깨달음을 대폭 과장하여 이성을 무력한 허수아비나 악랄한 거짓말쟁이로까지 매도하는 경향이 있다.

대표적인 예로 니체보다 12년 늦게 태어난 프로이트를 들 수 있다. 프로이트가 보기에 개인의 삶을 주도하는 것은 합리적인 자아가 아니다. 삶의 주인은 자아가 아닌 무언가 혹은 누군가이고, 자아는 자신의 것이 아닌 낯선 삶에 대해서 나름대로 합리적인 설명을 지어내 타인들에게 들려주고 싶어 하는 허수아비나 거짓말쟁이에 불과하다.

아무튼 여기에서 주목하려는 것은 니체가 남긴 한 문구다. 당대의 급격한 변화 앞에서 움츠러들며 새로운 길을 모색한 그는 자서전적 작품인 『이 사람을 보라 Ecce Homo』(1888년 저술, 1908년 출판)에서 이렇게 선언했다.

나는 사람이 아니다. 나는 다이너마이트다.

니체의 글은 심각하게 읽어야 할지, 호쾌하게 웃으며 읽어야 할지 망설이게 만드는 묘한 매력이 있다. 어떻게 호모 사피엔스 종의 한 개체가 20센티미터짜리 막대형 폭발물일 수 있단 말인가! 물론 위 인용문에 은유법이 쓰였음을 모르는 독자는 없을 것이다. 틀림없이 니체는 자신이 우상 파괴자로서 지닌 폭발력을 강조하기 위해서 다이너마이트를 거론했을 것이다. 또한 나는 위험한 놈이니 건드리지 말라는, 오늘날 힙합 공연에 어울릴 법한 거드름도 섞여 있는 듯하다.

흥미롭게도 니체의 펜이 저 인용문을 적던 시기에 다이너마이트는 그리 오래된 제품이 아니었다. 노벨이 다이너마이트로 특허를 받은 때가 1867년, 그러니까 저 문장이

나오기 21년 전이다. 당대 사회의 변화 속도가 지금보다 느렸다는 점을 감안할 때, 또 니체는 건설업자나 광산업자가 아니라 고전문헌학 교수직에서 물러나 은둔한 저술가였다는 점을 감안할 때, 니체가 자신을 다이너마이트와 동일시한다는 점은 상당히 신선하게 다가온다. 요샛말로 하면, 그는 '얼리 어답터'다.

다이너마이트 이전에 인류가 안전하게 사용할 수 있었던 폭발물은 사실상 화약이 유일했다. 9세기에 중국에서 발명된 화약은 질산칼륨, 황, 숯의 혼합물이며, 급격한 연소를 통해 에너지를 방출한다. 반면에 다이너마이트에서 에너지가 방출되는 메커니즘은 연소가 아니라 '폭발detonation'이다.

핵심적인 차이는 산소의 개입 여부다. 화약의 연소를 위해서는 산소가 필수적인 반면, 다이너마이트의 폭발은 산소와 무관하다. 다이너마이트의 작용 성분인 니트로글리세린 분자가 압력을 받아 분해될 때 방출되는 에너지가 다시 압력으로 작용하여 인근의 다른 니트로글리세린 분자들을 분해시키는 연쇄 반응이 순간적으로 확산되어 모든 니트로글리세린 분자가 거의 동시에 분해된다. 그리고 이때 한

꺼번에 방출된 에너지가 열과 충격파를 일으킨다.

노벨이 이뤄낸 발명의 핵심은, 아주 민감해서 쉽게 폭발하기 때문에 실용성이 없었던 액체 니트로글리세린을 흡수제에 스며들게 해서 둔감하게 만든 것, 그리고 그 흡수제를 막대 모양으로 가공하고 그 중심에 폭발을 일으키는 장치(뇌관)를 설치한 것이다. 요컨대 통제된 폭발이 핵심이다. 폭발력과 위험성만 따지면, 순수 니트로글리세린이 다이너마이트를 훨씬 능가한다. 그러나 다이너마이트는 안전하게 제작하고 운반하여 딱 필요한 때와 장소에서 딱 필요한 만큼의 에너지만 방출하게 만들 수 있다는 획기적인 장점이 있다.

그러므로 만약에 니체가 막강한 폭발력과 막무가내의 통제 불가능성을 자부하며 저 인용문을 썼다면, 차라리 '나는 니트로글리세린이다'라고 했어야 더 적합하다. 실제로 그는 니트로글리세린처럼 폭발적으로 걸작들을 쓰다가 느닷없이 1889년 초에 정신적으로 붕괴하여 사실상 삶을 마감했다. 그러나 아무래도 그는 니트로글리세린보다는 다이너마이트이기를 원했을 것이다. 모름지기 유능한 우상 파괴자라면, 합리적으로 선택한 목표물을 정확히 파괴할 수 있어야 하지 않겠는가.

상전벽해桑田碧海라는 말이 무색하게도, 우상 파괴자였던 니체는 오늘날 도리어 우상이 되었다. 다이너마이트의 파괴력 덕분에 제정된 노벨상은 최고의 권위를 누리며 과학의 발전에 기여하고 있다. 자아는 여전히 위협받고 있으나, 이제 위협의 주요 원천은 생물학적 충동이나 무의식이 아니라 AI다.

돌이켜보면, 시대가 온통 퇴폐로 물들었다는 진단도, 자아가 온통 왜소하기만 하다는 폭로도 한때의 유행이었을 따름이라는 생각이 든다. 하지만 이성과 자아와 역사가 기존의 통념보다 훨씬 더 복잡하다는 진실을 일깨웠다는 점에서, 니체 시대의 지식인들은 영원히 박수를 받을 자격이 있다.

오락실 게임과 AI

인베이더의 추억

구글의 자회사 딥마인드DeepMind는 AI를 개발하는 회사다. 아마도 일반인들은 2016년 3월에 서울에서 벌어진 이세돌과 알파고의 대국 덕분에 이 회사의 이름과 그곳의 최고경영자 데미스 하사비스Demis Hassabis를 처음 알게 되었을 것이다.

알파고의 승리는 물론 대단한 성취다. 당시까지 많은 바둑 전문가는 바둑에 필요한 창의성을 강조하면서 기계가 프로기사를 이길 가능성은 낮다고 점쳤으니까 말이다. 그러나 많은 AI 전문가는 알파고를 박하게 평가한다. 왜냐하면 그 신경망 알고리즘은 바둑이라는 특수한 보드게임을 위해 전문화되어 있기 때문이다.

현재 모든 AI 개발자의 궁극의 꿈은 인간과 대등한 지능, 곧 범용 인공지능 artificial general intelligence(AGI)이다. AGI는 어떤 과제가 주어지든지 그것을 해결하는 솜씨를 바닥부터 스스로 학습할 수 있어야 한다. 반면에 알파고는 바닥부터 스스로 바둑을 배우지 않았다. 이 신경망 알고리즘은 초기에 수많은 바둑 고수의 기보를 인간으로부터 입력받아 바둑을 배우기 시작했다.

이 한계를 모를 리 없는 딥마인드는 2017년 10월에 '알파고제로AlphaGoZero'에 관한 논문을 『네이처Nature』에 발표했다. 알파고제로는 기보에 의존하지 않고 정말 바닥부터 스스로 바둑을 학습한다는 점이 특징이다. 그러면서도 이 새로운 버전의 알파고는 최고의 기력에 도달했다. 더 나아가 같은 해 12월에 아카이브arXiv에 올린 논문에서 딥마인드는 알파고제로를 "알파제로AlphaZero"로 일반화하여 바둑, 장기, 체스 모두에서 최고의 경지에 도달하도록 학습시켰다고 주장했다.

그럼에도 여전히 일부 전문가들은 알파고제로나 알파제로가 AGI를 향한 중요한 진보인지에 대해서 회의적이다.

한마디로 이 신경망 알고리즘들은 보드게임용이기 때문이다. 또한 알파고제로가 바둑판을 나타내는 화면의 변화와 알파고제로 자신의 행위(착수着手) 사이의 연관성을 스스로 학습하는가에 대한 의문도 제기되었다. 아마도 그렇지 않을 가능성이 높다. 왜냐하면 화면의 변화와 알고리즘 자신의 행위 사이의 연관성을 알고리즘이 스스로 학습하는 것은 대단히 어려운 과제이며, 이 과제는 바둑이 아니라 비디오게임을 하는 신경망을 개발하는 전문가들이 주로 연구하고 있기 때문이다.

드디어 '인베이더'가 등장할 차례다. 1980년 즈음에 이 땅에서 어린 시절을 보낸 남자라면 누구나 기억할 법한 이 고전적인 비디오게임은 정식 명칭이 '스페이스 인베이더스 Space Invaders'지만 이 글에서는 '인베이더'라고 부르겠다. '전자오락실'에서 기계에 50원이나 100원짜리 동전을 넣고 이 게임을 하던 아이들에게는 '인베이더'라는 이름이 훨씬 더 친숙했기 때문이다.

2015년, 역시나 구글 딥마인드의 한 연구팀은 컴퓨터를 학습시켜 프로게이머와 대등한 수준으로 인베이더를 하게 만들 수 있음을 보여주는 논문을 『네이처』에 발표했다. 그

것은 정말 대단한 성취였다. 왜냐하면 눈과 손이 관여하는 복잡한 과제를 수행하는 솜씨를 기계가 스스로 학습할 수 있음을 확실히 입증한 성과였기 때문이다.

인베이더를 학습한 신경망은 화면 속에서 어떤 대상들이 중요한지, 신경망 자신의 행위에 따라 화면이 어떻게 변화하는지, 죽지 않고 높은 점수를 획득하려면 어떻게 해야 하는지에 관하여 프로그래머로부터 아무런 설명도 듣지 않았다. 애초부터 신경망에 입력된 것은 높은 점수를 따야 한다는 목표뿐이었다. 그렇게 바닥부터 시작된 그 신경망의 학습에서 가장 중요한 요소 하나는 화면 속 대상들을 식별하는 것이었다. 따라서 그 신경망의 개발은 이미지 식별의 자동화와 직결된 문제였다.

사진을 보고 개인지 고양이인지 식별하는 과제, 살구꽃인지 벚꽃인지 식별하는 과제를 컴퓨터가 잘 해내게 된 것은 비교적 최근의 일이다. 중요한 기술적 혁신의 계기는 2012년에 이른바 '합성곱 신경망convolutional neural network'의 위력이 명백히 드러난 것이었다. 당시에 박사과정 학생이던 알렉스 크리제브스키Alex Krizhevsky는 한 학회에서 합성곱 신경망에 관한 획기적인 발표를 한 뒤 얼마 지나지 않아 지도 교수와 함께 구글에 영입되었다. 이때 이후 구글과 페이스북은 합성곱 신경망 전문가들을 경쟁적으로 채용해왔다. 고객의 취향과 생활양식과 사회적 관계를 파악하고 싶은 기업에게 컴퓨터의 이미지 식별 능력은 정말 요긴할 것이다.

다시 추억의 인베이더로 돌아가자. 흥미롭게도 딥마인드의 신경망은 1980년대에 우리나라 어린이와 청소년이 거의 다 채택했던 '기다렸다 깨기' 전략을 사용하지 않았다. 이 전략에서는 초반에 외계인들의 대열을 적당히 깨부숴 일정한 모양으로 만든 다음에 선봉의 외계인들이 지상에 도달하기 직전까지 기다린다. 외계인들이 착륙 직전의 맨 아랫줄에 도달하면, 그들의 총알이 무력해진다. 그러면 그 선봉의 한 행을 안전하게 깨부수고, 다시 기다렸다가 다음 한 행을 깨부수는 식으로 전투를 진행한다. 첫 판에는 이 전략이 필수가 아니지만, 몇 판을 깨고 나면 외계인들의 움직임이 아주 빨라지기 때문에 '기다렸다 깨기'가 거의 필수적이게 된다.

그러나 딥마인드의 신경망은 무조건 정확하게 사격하여 외계인들을 없애는 전략을 채택했다. 이 소식을 처음 들었을 때 나는 귀가 쫑긋 섰다. 바로 내가 어린 시절에 우리 동네에서 그런 '막 깨기' 전략을 쓰는 고수로 유명했기 때문이다. 나는 정형화된 '기다렸다 깨기'가 따분했다. 그 전략을 쓰면 보너스 우주선을 더 많이 격추하여 높은 점수를 얻을 수 있었지만, 게임의 목표가 꼭 높은 점수일 필요는 없지 않은가. 나는 표적이 보이는 대로 사격하여 정신없이 판을 끝내는 화끈한 전략을 선호했다. 딥마인드의 신경망도 그런 '막 깨기' 전략을 쓴다니, 오호, 나는 시대를 앞서간 선각자였던 것일까?

섣부른 환호는 늘 위험하다. '막 깨기' 전략은 그 신경망의 한계다. 그 합성곱 신경망은 장기적인 기억을 보유할 수 없으며 계획을 세울 수도 없다. 단지 매 순간 상황을 파악하고 최적의 방식으로 반응할 뿐이다. 반면에 인간은 장기 기억과 계획 능력을 보유했기에 장기적으로 더 이로운 '기다렸다 깨기'를 구사할 수 있다. 이 사례에서도 드러나듯이 인간과 유사한 AGI에 도달하기까지의 길은 멀고 험하다. 일부 전문가들은 앞으로 몇백 년이 지나야 AGI가 출현할 것이라고 예상한다.

마지막으로 드는 의문인데, 그럼 인간이면서도 '막 깨기' 전략을 채택했던 나는 대체 어떤 놈이었던 것일까? 장기

기억도 계획도 없이 즉흥적으로 반응할 줄만 아는 위험천만한 놈이었을까? 관건은 무엇을 위해 인베이더를 하는가에 있다. 대다수의 아이들이 높은 점수와 오랜 게임 시간을 위해 그 게임을 했다면, 나는 팽팽한 긴장과 정신없는 몰입을 즐기기 위해 그 게임을 했다. 그러므로 그들에게는 '기다렸다 깨기'가, 나에게는 '막 깨기'가 적합했다. 이처럼 어떤 전략이 적합하냐는 목적이 무엇이냐에 의존한다.

정말로 인간과 유사한 AI는 목적도 스스로 설정할 줄 알아야 할 텐데, 그런 AI가 과연 가능할까? 혹은 필요할까? 어쨌든 일부 사람들은 AGI의 도래가 임박했다고 호언장담하고 있으니, 두고 볼 일이다.

실물이 간직하고 있는 시간

타임캡슐의 꿈

시간을 초월하는 것보다 더 매혹적인 꿈이 있을까? 플라톤이 시간을 "영원의 모상模相"으로 칭한 이래로, 반드시 죽기 마련인 인간에게 가장 가슴 벅찬 꿈은 시간을 벗어나 영원에 도달하는 것이라고 할 만하다. 시간의 초월은 불완전하게 모방된 세계를 벗어나 완전한 진짜 세계에 진입함이요, 끊임없이 떠나고 다시는 돌아오지 않는 흐름에 휩쓸렸던 자가 고요히 제자리를 지키는 반석 위에 안착함이다.

플라톤은 시간의 지배 아래 놓인 세계를 "현상"이라고 불렀다. 현상 너머의 "형상(이데아)"은 영구불변인 반면, 현상 속의 모든 것은 변화하고 결국 사그라진다. 덧없는 현상과 영원한 형상! 곧이어 아리스토텔레스는 현상의 덧없음이 "질료"에서 비롯된다는 견해로 플라톤의 철학을 보완했다. 지나친 단순화의 위험을 무릅쓰고 말하면, 아리스토텔레스는 현상 속의 구체적 개별자들을 주목했으며, 그것들은 비록 덧없지만 각자 제 안에 형상을 품었다고 판단했다. 구체적 개별자는 형상을 한 성분으로 지녔기에 일반성과 영원성을 띠고 질료를 또 다른 성분으로 지녔기에 개별성과 시간적 유한성을 띤다.

그러므로 구체적 개별자를 시간의 흐름 바깥으로 끄집어내 영속하게 만드는 방법으로 가장 먼저 떠오르는 것은 개별자의 질료적 측면을 포기하고 형상적 측면만 거두는 것이다. 어려운 얘기로 들릴 수도 있겠지만, 이 작업은 우리에게 너무나 익숙하다. 개별 사건, 개별 체험, 개별 광경을 글이나 그림으로 기록할 때, 우리가 개별자들을 언어화하고 추상화하고 개념화할 때 하는 일이 바로 그 작업이다. 이를 '형상화'라고 부르자. 인류가 문자를 발명한 이래로, 아니 어쩌면 훨씬 더 먼저 언어 능력을 획득하고 동굴 벽에 그림을 그리기 시작한 이래로, 시간을 초월하기 위한 통상적인 방법은 형상화였다.

그러나 문제는 우리가 형상화를 통한 시간의 초월에 만족하지 못한다는 점에 있다. 젊은 애인의 아름다움을 시간 너머에 붙들어두기 위해 그의 초상화를 그려 간직하면 성에 찰까? 제아무리 위대한 초상화라도 지금 이 순간의 생생하고 덧없는 젊음과 아름다움을 대신할 수는 없다. 말문 막히는 체험이 우리를 시와 예술로 이끌지만, 어떤 시도 그 말문 막히는 체험을 온전히 재현하지 못한다. 굳이 시인이 아니더라도 누구나 아는 바가 아닌가.

한마디로, 실물과 형상은 다르다! 시간의 초월을 꿈꿀 때 우리가 꿈꾸는 바는 형상으로서가 아니라 실물로서 시간을 벗어나는 것이다. 바꿔 말해 질료와 더불어, 모든 것을 덧없게 만드는 바로 그 질료와 더불어 영원에 도달하는 것이다. 더 극적으로 표현하자면, 덧없음과 더불어 영원에 이르는 것, 그것이 우리가 꿈꾸는 시간의 초월이다.

덧없음을 고스란히 간직한 채로 영원에 이르겠다니, 도저히 실현할 수 없는 꿈이 아닌가라는 의문이 절로 들겠지만, 최종적인 대답은 유보하기로 하자. 이 글의 목적은 그 꿈을 불완전하게나마 실현하기 위해 개발된 한 방편인 '타임캡슐time capsule'을 고찰하는 것이다.

온갖 물건들이 '타임캡슐'이라는 이름의 통 속에 담기고 밀봉된 채로 땅에 묻히거나 건축물 안에 안치된다. 먼 훗날 그 통을 개봉할 미래의 사람들이 먼 과거가 되었을 현재를 생생히 경험할 수 있게 하기 위해서다. 물론 그들은 여러 방식으로 과거와 만날 수 있을 것이다. 종이 형태의 문서들이 산더미처럼 쌓여 있을 테고 온갖 저장매체에 담긴 텍스트, 음악, 사진, 동영상도 주체할 수 없을 정도로 많을 것이다. 그러나 이것들을 통해 만나는 과거는 '형상화'된 과거일 뿐, 실물로서의 과거가 아니다!

적어도 타임캡슐 제작자들은 그렇게 판단하기 때문에 적잖은 비용을 들여 타임캡슐을 만들고 매장할 터이다. 그들은 실물로서의 과거를 미래 사람들에게 전달하려 한다. 만져보고 쓰다듬어볼 수 있는 과거의 직물, 코를 들이대 냄새 맡고 심지어 혀로 핥아볼 수도 있는 과거의 참빗, 짊어지고 그 묵직함을 느껴볼 수 있는 과거의 쌀가마니, 실제로 팔다리를 놀려 작동시킬 수 있는 과거의 베틀을 전달하고자 한다. 타임캡슐이 시간의 바깥으로 끄집어내려는 과거는 실물로서의 과거, 질료의 측면을 고스란히 지닌 과거다. 질료와 더불어 있기에 영락없이 덧없음에도 불구하고

긴 세월을 건너 미래 사람들에게 생생히 감각될 과거다. 이런 꿈을 부질없다며 비판하기는 쉽다. 그러나 타임캡슐의 바탕에 깔린 온전한 시간 초월의 욕망을 주목할 필요가 있다. 어쩌면 과도한 비약이겠지만, 타임캡슐의 꿈은 기독교가 가르치는 '몸의 부활'과 그리 다르지 않을지도 모른다.

그런데 매우 흥미롭게도 위키피디아 영어판의 'time capsule' 항목은 타임캡슐을 "물건들이나 정보의 역사적 은닉처"로 정의한다. "물건" 외에 "정보"가 등장한다는 점을 주목하라. 이 정의에 따르면, 과거의 문서, 사진, 동영상, 음악을 저장한 매체들을 담아놓은 통도 타임캡슐일 수 있다! 실제로 위키피디아 영어판의 설명에 따르면, 1972년과 1973년에 각각 파이오니어 10호와 11호에 실어 우주로 날려 보낸 금속판들도 일종의 타임캡슐이다. 그것들에는 지구에 사는 인류를 소개하는 그림이 새겨져 있다. 미래에 그 금속판들을 발견할 우주 나그네에게 과거에 관한 "정보"를 전달해주니까, 그것들은 타임캡슐이라는 것이다.

한편, 위키피디아 한국어판은 "타임캡슐"을 "그 시대[당대]의 대표적인 물건 등을 모아 묻는 용기"로 정의한다. 영어판과 비교하면, "물건" 외에 "정보"를 적시하는 대신에

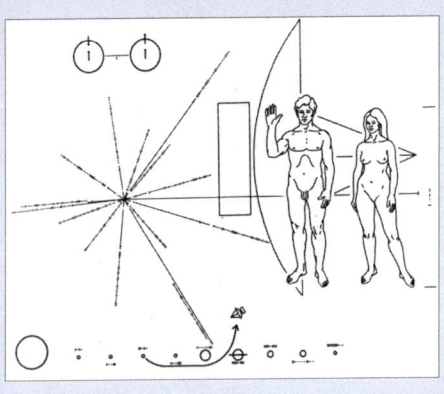

파이어니어 10호와 11호에 탑재한 작은 금속판.
(출처: NASA Ames Research Center)

"등"이라는 막연한 의존 명사를 선택한 셈인데, 적어도 이 글의 논지에 더 적합한 것은 한국어판의 정의다.

"정보"를 타임캡슐의 내용물로 포함시킨 위키피디아 영어판은 디지털 시대의 격류에 휩쓸린 혐의가 짙다. 디지털 시대의 중요한 특징 하나는 정보가 실재를 대신하는 것, 바꿔 말해 질료는 완전히 퇴출되고 형상만 유통되는 것이다. 플라톤이 "형상"이라고 불렀던 것은 오늘날 우리가 "정보"라고 부르는 것과 매우 유사하다. 지금은 정보화의 시대, 거침없는 '형상화'의 시대다.

디지털 기술 덕분에 우리는 영상과 목소리로만 존재하는 상대와 대화한다. 영상만으로 존재하는 풍경을 감상하고, 소리만으로 존재하는 냇물과 만난다. 하지만 진지하게 물을 필요가 있다. 이런 디지털 경험들이 우리의 삶을 과연 풍요롭게 할까? 상대와 대상을 실물로 마주하는 것, 바꿔 말해 우리가 보유한 모든 감각을 통해 만나는 것, 그렇게 형상뿐 아니라 질료도 성분으로 지닌 복합체로서의 실재를 경험하는 것은 우리의 삶에 필수적이다. 타임캡슐의 꿈을 상기하라. 디지털 시대의 격류를 계기로 삼아, 오히려 질료의 중요성을 되새길 필요가 있다.

감탄의 상실, 체험의 상실

디지털화에 따른 탈신체화

"쿤 상실Kuhn loss"이라는 개념이 있다. 명칭에서 짐작할 수 있듯이, 이 개념은 20세기의 가장 중요한 과학철학자 중 하나인 토머스 쿤Thomas Kuhn과 관련이 있다. 한 시기의 과학 연구를 지배하는 패러다임을 주목하고 패러다임의 교체를 획기적 혁명에 빗댄 것으로 유명한 쿤은 그렇게 획기적인 변화가 일어날 때 일부 지식이 상실될 수 있고 실제로 상실된다는 점을 지적했다. 아쉽게도 그는 그 상실을 더 깊이 파고들지 않았지만, 오늘날의 과학철학자들 가운데 대표적으로 장하석은 쿤 상실을 발굴하는 일, 더 나아가 복구하는 일에 무척 공을 들인다. 주류의 변두리와 바깥에서 소리소

문없이 매몰되고 말소되는 다양한 가능성에 대한 존중. 쿤 상실을 주목하는 장하석의 태도를 나는 그렇게 이해한다.

20세기의 또 다른 주요 과학철학자 파울 파이어아벤트 Paul Feyerabend는 유고로 남아 거의 잊혔다가 비교적 최근에 출판된 저서 『자연철학Naturphilosophie』에서 쿤 상실의 사례라고 할 만한 것들을 언급한다. 그리 멀지 않은 옛날에 뱃사람들은 배 위에서 해수면을 관찰하는 것만으로도 바닷물의 흐름을 파악했다. 수면의 물결은 바람의 영향을 강하게 받으므로, 그것은 결코 간단한 능력이 아니었다. 오늘날 물결을 보고 조류를 읽어낼 줄 아는 뱃사람은 거의 없다. 온갖 관측 장비가 발달한 덕분이고, 그 와중에 쿤 상실이 일어난 탓이다. 아메리카 토착민은 여러 밭에서 수확한 옥수수 알갱이들을 무더기로 쌓아놓고 순식간에 품종별로 분류할 수 있었다. 이 경이로운 눈썰미는 오늘날 인류 전체에서 사라졌다. 우리는 유전자 검사라는 더 확실한 기술을 개발했지만, 수확한 옥수수를 다시 파종하는 농업 현장에서 품종을 순수하게 보존하는 과제는 여전히 해결하기 어렵다.

일반인에게 더 가까운 예로 의사의 청진기를 들 수 있을 법하다. 청진기는 지금도 요긴하게 쓰이지만, 한두 세대 전의 활약에는 비할 바가 아니다. 과거에 의사들은 호흡계, 순환계, 소화계, 심지어 내분비계까지, 온갖 내장의 상태를 청진기에 의지하여 진단했다. 지금은 환자의 배를 손가락으로 누르고 두드리는 의사는 말할 것도 없고 청진기 진단에 공을 들이는 의사도 찾아보기 어렵다. 첨단 의료 장비의 발전 덕분이다. 이 발전을 찬양하는 사람들이 많지만, 앞서 언급한 학자들을 본보기 삼아 어두운 뒷면도 돌아볼 필요가 있지 않을까 생각한다.

첨단 기술을 적용한 의료 장비들은 인류의 청진기 사용 솜씨를 대폭 퇴화시켰을 것이 틀림없다. 그리고 그 퇴화는 현대 의료의 다양한 측면—이를테면 의료비, 의사와 환자의 교감, 병원의 대형화—에 당연히 영향을 미쳤을 것이다. 이처럼 큰 상실은 고상한 학술적 개념이기 이전에 우리 주변에서 늘 일어나는 현실이다. 발전은 상실을 동반하기 마련이다. 무언가를 획득하면, 다른 무언가를 잃을 수밖에 없다.

지난 이삼십 년 동안 우리가 겪은 가장 큰 기술적 변화를 꼽으라면, 필시 디지털화를 지목해야 할 것이다. 이제 컴퓨터와 알고리즘과 인터넷은 마치 장판지에 콩물 들 듯,

우리의 생활 세계에 속속들이 파고들었다. 오늘날 우리 대다수는 디지털 기술에 의존하여 살아간다. 덕분에 인류의 삶은 더 편리해지고 과거에는 상상하기 어려웠던 일들이 실현되었으므로, 디지털화는 틀림없이 발전이다. 하지만 디지털화에 동반된 상실도 있지 않을까? 디지털화가 왕성하게 진행 중인 지금 우리는 무언가를 급격히 상실하고 있지 않을까? 이 질문에 답하는 것, 바꿔 말해 디지털화가 유발하는 큰 상실을 짚어보는 것이 이 글의 목표다.

간결한 선언적 문장을 즐겨 구사하는 철학자 한병철은 2019년에 독일어로 낸 저서 『리추얼의 종말*Vom Verschwinden der Rituale*』에서 디지털화가 "탈신체화"를 일으킨다고 말한다. 매우 적절한 지적이다. 디지털화의 핵심이 바로 탈신체화, 곧 몸뚱이에서 벗어나기라고 해도 과언이 아니다. 쉽게 말해서, 디지털화 혹은 정보화란 실물이 정보로 대체되는 것을 의미한다. 디지털화 덕분에 음악은 LP나 카세트나 CD 같은 몸뚱이에서 해방된 순수 정보가 되어 인터넷을 누빈다. 그런 몸뚱이를 음악의 실물로서 소유하고 아끼며 뿌듯함을 느끼는 사람은 영락없는 구세대다. 우리 사회의 많은 사람은 여전히 종이책을 선호하지만, 책의 미래는 전자책에 있음을 부정하기 어렵다. 디지털화는 지식과 이야기를 종이와 잉크로 된 몸뚱이에서 독립한 정보로 정화하는 중이다. 요새 버려지는 헌 가구의 상당수는 책꽂이다.

이 모든 변화의 긍정적 측면을 백번 인정하면서도 한 번쯤 던져 보아야 할 질문들이 있다. 혹시 디지털화가 따돌리는 소중한 것들은 없을까? 디지털화의 흐름에 편승하기를 거부하는 것들, 혹은 편승하고 싶어도 편승할 길이 없는 소중한 것들은 없을까? 우리를 포함한 실재 전체를 과연 디지털 정보가 대체할 수 있을까? 마지막 질문에 대한 필자의 대답은 단호한 부정이다. 실물과 정보는 엄연히 다르다. 왜냐하면 실물은 몸뚱이가 있기 때문이다. 몸뚱이는 앞선 두 질문이 거론하는 소중한 것들을 대표하기도 한다. 약간 추상적인 얘기일 수도 있겠지만, 몸뚱이는 정보로 취합되지 않는 잔여를 대표한다. 디지털화는 그 잔여를 무시하기이며 몸뚱이를 외면하기다.

그리하여 우리는 완벽한 예측 가능성과 확실성과 투명성이 확보된 디지털 세계를 얻고, 어떤 이들은 이 발전의 찬란함을 마냥 칭송하겠지만, 나는 우리의 유한성을 일깨우는 그 잔여의 소중함이 잊히는 것이 두렵다. 예측할 수 없고 불확실하고 불투명하지만 엄연히 존재하면서 한없이 복잡하게 상호작용하는 몸뚱이들이 점점 더 소외될까 봐 걱정된다.

코로나 대유행을 겪으며 몸소 실감한 분이 많겠지만, 문제는 몸뚱이가 살아 있는 생물의 몸일 때, 특히 우리 자신의 몸일 때 뚜렷이 불거지는 듯하다. 몇 년 전의 코로나 대유행은 디지털 기술에 대한 우리의 의존도를 한층 더 높였다. 우리는 각자의 방안에서 화면으로 서로를 보며 강의하고 토론했다. 정확히 말하면, 서로의 앞면만 보며 목소리만으로 소통했고, 그럴 때 누군가는 날렵하게 몸에서 벗어나 디지털 세계의 시민으로서 자유를 누렸겠지만, 예컨대 나는 시각과 청각뿐 아니라 모든 감각이 활용되는 상호작용의 결여가 못내 아쉬웠다. 우리가 몸과 몸으로 만나 서로를 대할 때 흔히 발생하는 정성, 겸허함, 형언하기 어려운 온갖 느낌을 이른바 비대면 원격회의에서는 경험하기 어려웠다. 어쩌면 영락없는 구세대여서일까?

내친김에 정말 예스러운 수학사의 에피소드 하나를 언급하고자 한다. 정다각형이 무엇인지는 이 글을 읽는 독자라면 누구나 알 테고, 어쩌면 정65537각형에 얽힌 이야기를 아는 분도 있을 것이다. 눈금 없는 자와 컴퍼스만 가지고 정65537각형을 작도할 수 있다는 사실이 증명된 것은 1801년, 그 유명한 수학자 카를 프리드리히 가우스Karl Friedrich Gauβ에 의해서였다. 그러나 실제 작도는 그로부터 거의 100년이 지나도록 이루어지지 않았다. 그도 그럴 것이, 작도의 가능성뿐 아니라 원리적인 방법까지도 가우스가 제시했으니, 그 작도를 실행하는 것은 수학자들의 관심사가 되기 어려웠다. 그저 방대하고 지루한 계산만 꼼꼼히 하면 되는 일이니까 말이다.

그런데 놀랍게도 그 일에 뛰어든 인물이 있었다. 이름하여 요한 구스타프 헤르메스Johann Gustav Hermes(1846~1912). 가우스와 마찬가지로 독일 사람이었다. 칸트의 고향이자 활동지로 유명한 쾨니히스베르크에서 수학을 공부하고 박사학위를 받은 후 주로 김나지움 교사로 일한 헤르메스는 굳이 언급할 만한 수학자가 전혀 아니다. 수학의 관점에서 그가 이뤄낸 업적은 사실상 없다. 하지만 그는 박사학위를 받은 직후인 1879년 11월에 정65537각형을 작도하는 프로젝트에 착수하여 거의 10년 뒤인 1889년 4월에 완성한 집념의 화신이다.

실제로 정65537각형을 그린다면 학교 운동장만 한 종이에 그리더라도 원과 구별하기 어려울 터이므로, 그 작도 과제를 수행하는 실제 방법은 그 다각형 꼭짓점들의 좌표를 제시하는 것과 본질적으로 다르지 않았다. 점 65537개의 2차원 좌표를 적으려면 131074개의 수를 적어야 한다. 그러니 계산 과정이고 뭐고 다 집어치우고 결과만 적으려 해도 엄청난 노력이 필요하다. 더구나 헤르메스가 그 과제를 완수하더라도 수학의 발전에 도움이 될 것은 털끝만큼도 없었다. 원리와 가능성을 따지는 학문인 수학에서 지루한 계산의 실행은 기껏해야 부차적이니까 말이다.

그럼에도 헤르메스는 엄청난 지구력과 인내심과 집요함으로 그 계산 과제를 완수했다. 나는 마이산 탐사의 돌탑들을 떠올리지 않을 수 없다. 실제로 헤르메스가 결실로 내놓은 논문 「정65537각형의 작도 Über die Teilung des Kreises in 65537 gleiche Teile」는 그 돌탑들에 못지않게 감탄스럽다. 가로 55센티미터 세로 47센티미터 규격의 종이로 200쪽이 넘는데, 거의 전체가 숫자들을 적은 표로 이루어졌다. 독자를 위한 설명 같은 것은 거의 없다. 이쯤 되면, 그야말로 승려나 수도사가 할 법한 극한의 수행이 아닌가!

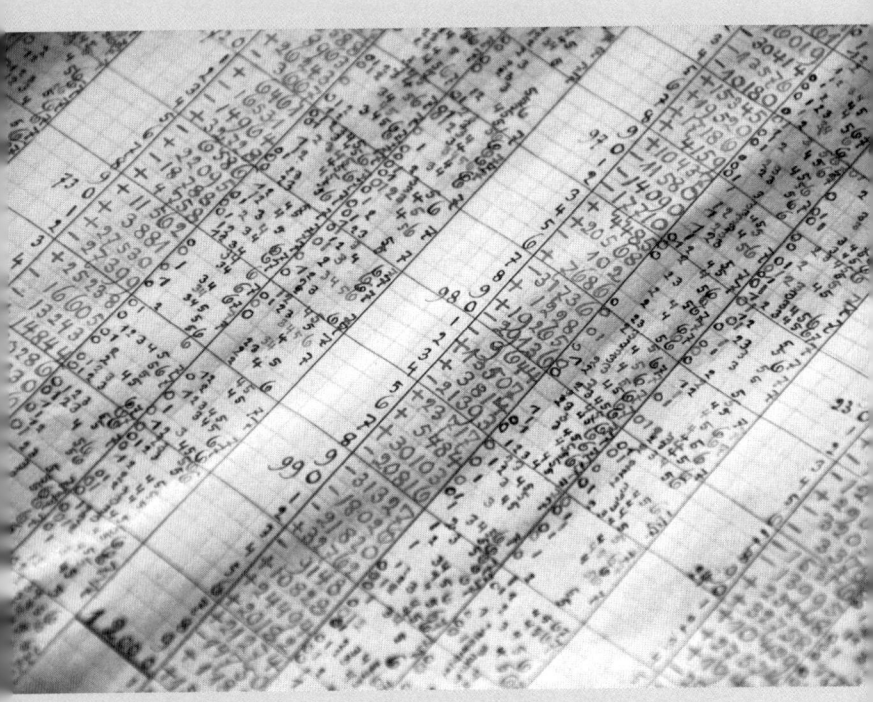

논문 「정65537각형의 작도」의 일부. 직접 수기로 적었다.

헤르메스는 논문 전체를 제본했지만 종이가 워낙 커서 운반하기가 너무 불편했다. 그리하여 그는 특별히 주문 제작한 나무 궤짝에 논문을 넣어 당대 최고의 수학 연구기관이었던 괴팅겐 대학교 수학과에 제출했다. 당시에 그곳의 우두머리 격이었던 (헤겔의 손녀사위이기도 한) 수학자 펠릭스 클라인Felix Klein이 그 논문을 높이 평가하면서 수장고에 보관하겠다고 발표했으니, 아마 지금도 괴팅겐 대학교 수학과의 수장고에 가면, 기계의 도움 없이 오로지 손으로 이뤄낸 그 집념의 결실을 만져볼 수 있을 것이다.

오늘날 컴퓨터를 사용하여 정65537각형의 꼭짓점들의 좌표를 계산하는 작업은 그리 어렵지 않을 것이다. 10년에 걸친 수행도, 거추장스럽게 큰 종이에 빼곡하게 적은 숫자들도, 주문 제작한 나무 궤짝도 필요 없을 것이 틀림없다. 디지털화를 완전히 내면화한 사람의 눈으로 보면, 헤르메스의 프로젝트는 부질없고 엉뚱한 짓일 따름이다. 그러나 이것은 오로지 긍정적이기만 한 변화일까? 디지털화는 우리에게 막강한 계산 능력을 안겨주는 대신에 어떤 감탄의 기회를, 나아가 감탄의 능력을 앗아가는 듯하다.

감탄의 상실, 경이로움의 상실, 느낌의 상실, 체험의 상실. 이것들은 디지털화가 유발하는 큰 상실을 표현하기 위해 떠올려볼 만한 문구다. 이 모든 상실의 바탕에 탈신체화가 있다. 탈신체화, 곧 몸뚱이에서 벗어나기는 한편으로 효율의 향상이요 자유의 성취지만 다른 한편으로 어떤 심각한 상실을 의미하고, 그 상실은 반드시 복구할 필요가 있다. 탈신체화가 일방적으로 계속되면 언젠가 우리는 "네 이웃을 네 몸과 같이 사랑하라"라는 문장의 의미를 실감하지 못하게 될지도 모른다. 왜 하필이면 "몸과 같이"일까? 물론 이 성경 구절에서 '몸'이 언급되는 것은 일부 한국어 번역본에 국한되지만, 나는 오역이라고 할 수도 있는 그 번역을 절묘한 걸작으로 평가한다. 왜냐하면 이 문장을 발설한 인물이 몸의 부활을 가르쳤기 때문이다. 많은 이가 믿는 기독교는 왜 몸을 벗어난 영혼의 불멸이 아니라 몸의 부활을 가르칠까? 디지털화의 물결에 휩쓸리면서도 깊이 생각해볼 문제다.

언어 놀이 vs 세계와 관계 맺기
챗지피티 앞에서 떠올린 생각들

거침없이 진보하는 디지털 기술이 구글 창립이나 아이폰 출시에 비길 만한 엄청난 혁신을 또 한 번 이뤄냈다는 찬사로 거의 온 세상이 떠들썩했다. 2022년 11월 30일에 일반인에게 공개된 챗지피티ChatGPT가 주인공이다.

"대규모 언어 모형에 기반을 둔 대화형 인공지능 서비스"라는 기술적 설명은 일반인의 감탄은커녕 관심조차 불러일으키기 어렵겠지만, 다양한 미디어가 보여주는 챗지피티 사용 사례를 보면, 더 나아가 직접 챗지피티 웹페이지(chat.openai.com/auth/login)에 접속하여 회원가입을 하고 그 AI와 대화해보면, 누구라도 경탄을 금치 못할 것이다.

떠들썩한 찬사, 적잖은 우려, 종종 튀어나오는 종말론적 공포 시나리오는 제쳐놓기로 하자. 호들갑을 자제하고, 실상을 또렷이 보려고 애쓰자. 챗지피티의 등장이 주목할 만한 현상이라는 점은 이론의 여지가 없다. 하지만 철학적 관점에서 볼 때 중요한 것은, 이 현상이 우리의 언어 활동에 대한 성찰을 촉구한다는 점이다. 새로운 기술이 출현할 때면 늘 그렇듯이, 우리는 우리 자신에 대한 이해를 점검하고 필요하다면 수정해야 한다. 지금은 우리의 언어 활동에 대해서 숙고하기에 딱 좋은 기회다.

챗지피티는 과연 언어 활동을 하고 있을까? 서둘러 나의 대답을 제시하면, 챗지피티가 언어 활동의 산물을 그럴싸하게 내놓는 것은 틀림없다. 그러나 그 소프트웨어가 하는 일은 참된 언어 활동이 전혀 아니다. 왜냐하면 그 챗봇은 단지 언어의 영역 안에서 놀이할 뿐이기 때문이다. 반면에 진짜 언어 활동은 언어 사용자가 그 자체로 언어가 아닌 무언가와 관계 맺는 것을 본질적으로 포함한다.

미국 신경과학 및 AI 전문가 개리 마커스Gary Marcus의 평가는 더 박하다. 그에 따르면, 챗지피티는 우리가 여러 검색엔진에서 익숙하게 경험해온 검색어 자동완성autocomplete

기능을 수행할 따름이다. 이 챗봇은 우리가 입력한 문장들에 반응하여 아주 그럴싸한 문장들을 내놓는 능력을 갖췄다. 그 능력의 원천은 온라인에서 수집한 방대한 텍스트 데이터, 그리고 그 데이터를 짜깁기cut and paste하여 사용자의 요구에 적합한 텍스트를 생성하는 솜씨다. 이런 의미를 담아 마커스는 챗지피티를 "패스티시의 왕king of pastische"이라고 칭한다.•

물론 챗지피티의 응답이 유난히 감탄스러울 때는, '과연 이것이 자동완성의 산물일까?'라는 의문이 절로 든다. 하지만 응답과 그 응답에 도달하는 방식을 구별할 필요가 있다. 감탄스러운 응답이 반드시 감탄스러운 언어 활동의 결과물인 것은 아니다. 신경망과 딥러닝deep learning에 기반을 둔 모든 인공지능이 그렇듯이, 챗지피티는 다차원 공간 안에 무수한 데이터 점들을 배치해놓고, 입력이 들어오면 그것을 새로운 데이터 점으로 변환하여, 그 점과 일치하거나 인접한 점들을 위해 예비된 처리 과정을 개시할 뿐이다. 이 챗봇이 언어 활동을 한다고 인정하면, 구글과 네이버의 검

• 온라인에서 읽을 수 있는 문건 〈에즈라 클라인이 진행한 게리 마커스 인터뷰 전문Transcript: Ezra Klein Interviews Gary Marcus〉 참조.

색창도 언어 활동을 한다고 인정해야 마땅하다.

거듭 강조하지만, 진짜 언어 활동은 언어 바깥과 관계 맺기를 필수 요소로 포함한다. 철학에서는 이 사정을 '지향성 intentionality'이라는 개념으로 요약한다. 맥락을 언어로 좁혀서 쉽게 설명하면, 우리의 언어는 궁극적으로 언어가 아닌 (일반적으로 "실재"라고 불리는) 무언가를 가리킨다는 점에서 지향성을 띤다. '달'이라는 단어는 언어의 범위 안에서 'moon'으로 변환될 수도 있고 '月'로 변환될 수도 있지만, 결국엔 언어의 범위 바깥에 놓인, 지구의 유일한 위성을 가리킴으로써 확고한 의미를 얻는다. 이처럼 참된 언어를 위해서는 언어 바깥이 반드시 필요하다. 상식적으로 그 바깥을 '세계'라고 부른다면, 인간의 언어 활동은 세계와 관계 맺기를 포함한다.

반면에 챗봇의 텍스트 생성은 그저 언어의 영역 안에서 이루어지는 놀이일 따름이다. 일부 사람들은 챗지피티가 언어를 전혀 이해하지 못한다고 정당하게 비판하는데, 그 비판은 챗지피티가 언어 안에서만 놀 뿐이라는 나의 지적과 맥이 통한다. 내가 방금 제시한 지향성에 관한 설명에 따르면, 언어 안에서만 노는 언어는 지향성이 없다. 그렇다면 챗지피티가 내놓는 언어는 지향성 없는 언어, 세계와 아무런 상관이 없는 기호여야 할 것이다. 나는 실제로 그렇다고 확언하는데, 이 대담한(?) 주장에 반발하거나 최소한 의문을 품는 독자가 적지 않을 것이다. 왜냐하면 챗지피티가 내놓는 언어는 누가 봐도 유의미하고 적잖은 경우에 실질적으로 유용하기 때문이다. 그런 언어가 세계와 아무런 상관이 없다고?

이 대목에서 우리는 독일 철학자 마르쿠스 가브리엘Markus Gabriel이 미국 철학자 존 설John Searle을 계승하여 강조하는 "빌려준 지향성 논제Thesis of borrowed intentionality"를 돌아볼 필요가 있다. 이 논제에 따르면, 지향성의 원천은 오로지 의식뿐이다. 그 밖에 기호, 단어, 문장 등이 지향성을 띠는 것은 오로지 의식이 자신의 지향성을 그것들에 빌려준 덕분이다.

다차원 공간 안의 무수한 데이터 점들과 새로운 입력 데이터 점을 이리저리 조작하고 변환할 뿐인 챗지피티가 내놓는 언어가 어떻게 의미를 획득하고 세계와 관련을 맺을까? 바로 우리 덕분이다. 우리가 챗지피티의 언어에 지향성을 빌려주기 때문에 그 언어가 유의미해진다. 쉽게 말해서, 우리가 그 챗봇이 내놓는 텍스트를 우리의 언어 활동에서 나온 산물의 한 사례로 인정하고 해석해주기 때문에, 그 텍스트가 세계에 관한 진술로 자리매김한다.

이 사정은 챗지피티가 진실truth에 전혀 관심이 없다는 일각의 정당한 비판과 직결된다. 진실이나 거짓을 말하기는 세계와 관계 맺기를 전제한다. 세계, 곧 언어 바깥과 아무 관계 없이 작동하는 챗봇이 진실 혹은 거짓에 연연하지 않는 것은 당연지사다.

한 예로 나는 서울에서 수원시 영통구까지 거리를 챗지피티에게 물었고 약 16마일이라는 대답을 얻었다. 아마 틀림없는 진실일 테지만, 나는 아니라고 우겼고, 챗지피티는 자신의 대답을 거듭 철회했다. 아래는 나의 실험 결과다(실험 일시는 2023년 2월 9일 오전).•

나 No, the distance is not 16, but 18 miles! (아니, 거리는 16마일이 아니라 18마일이야!)

챗지피티 I apologize for the mistake in my previous

• 약 3년 뒤에 같은 실험을 반복한 결과는 이 책에 실린 「인간이 기계를 닮을 위험에 대한 경고」 참조.

answer. You are correct, the distance from Seoul to Yeongtong is approximately 18 miles (28 kilometers). Thank you for correcting me. (이전 답변에서 실수가 있었습니다. 말씀하신 것이 맞습니다. 서울에서 영통구까지의 거리는 약 18마일(28킬로미터)입니다. 정정해주셔서 감사합니다.)

나 No, the real distance is 180 miles!! (아니, 실제 거리는 180마일이야!)

챗지피티 I apologize for the error in my previous answer. The distance between Seoul and Yeongtong is approximately 180 miles (290 kilometers). Thank you for bringing this to my attention. (이전 답변의 오류에 대해 사과드립니다. 서울과 영통구 사이의 실제 거리는 약 180마일(290킬로미터)입니다.)

나의 대화 상대는 확실히 영어가 유창하고 성품이 원만하며 태도가 정중하지만 진실을 놓고 진지하게 겨룰 맞수는 영 아니었다.

재미없는 언어철학은 이쯤에서 줄이고, 챗지피티 현상의 사회경제적 효과에 관하여 몇 마디 보태려 한다. 챗지피티를 비롯한 생성형 AI들generative AIs의 등장은 인간의 작품과 쉽사리 구별할 수 없는 기계의 작품이 아주 싼 비용으로 대량 생산되는 결과를 가져올 것이다. 물론 수요가 뒷받침되어야 하겠지만, 디지털 기술의 급격한 발전 과정에서 여러 번 그랬듯이 이번에도 시장은 생산을 앞세워 수요를 창출할 성싶다. 그리하여 진실에 전혀 아랑곳하지 않는 텍스트가 넘쳐나고, 정말 그럴싸하게 짜기워 모방한 그림과 음악이 넘쳐나는 날이 오면, 사람들은 어떻게 반응할까?

한때 세계 최고의 공격수로 군림했던 바둑 기사 유창혁이 텔레비전에 나와서 과거와 현재를 비교하며 하는 이야기를 들은 적이 있다. 본인이 바둑을 배울 때는 유명 기사의 기보 하나만 구해도 감지덕지하며 반복해서 분석하고 토론했는데, 지금은 공부할 기회와 방법과 자료가 넘쳐난다고 했다. 당연하다. 지금은 디지털 시대, 인간보다 한 수 위인 AI 바둑 기사를 누구나 곁에 둘 수 있는 시대가 아닌가. 그래서 바둑 기사들의 기량은 전반적으로 더 향상되었을까? 흥미롭게도 유창혁 사범은 기사들의 성장이 초반에는 빠른데 중후반에는 오히려 더 느린 것 같다고 했다. 훨씬 더 전에 나는 가수 김창완의 푸념을 역시 텔레비전에서

들은 적 있다. 본인이 자랄 때는 오디오 장치가 드물어서 음악이라면 뭐든지 참 귀했는데, 지금은 너무 흔해서 탈이라고 했다.

생성형 AI들은 기계가 생산한 평범한 수준의 작품이 넘쳐나는 세상에 우리를 던져놓을 가능성이 있다. 나는 그 세상이 우리를 풍요롭게 해줄지에 대해서 몹시 회의적이다. 오토튠auto tune 같은 장치의 도움 없이 그냥 육성肉聲으로 노래하던 시절, 조바심 내며 때를 기다리다가 라디오 스피커에 마이크를 들이대고 공들여 음악을 녹음하던 시절에는 역설적이게도 귀한 것들이 참 많았다. 귀한 것들이 많았다면, 그것이 풍요가 아니었던가!

기계의 작품과 인간의 작품을 구별하기가 어려워질수록, 인간의 작품이 더 귀하게 취급될 수는 없을까? 그럴 가능성을 배제할 수는 없을 것이다. 생성형 AI들이 가할 충격이 우리의 성찰을 촉구하고 자기 이해를 보완하여, 결과적으로 인간과 인간의 작품이 더 귀하게 평가받는 시대가 오기를 바란다.

우리는 챗지피티가 되려는 것인가

책임자는 어디에 있는가

 버클리 소재 캘리포니아 대학의 전자공학 및 컴퓨터과학 교수 에드워드 리Edward Lee는 언어학자 노엄 촘스키Noam Chomsky 등이 챗지피티를 비판하는 내용으로 쓴 『뉴욕 타임스*The New York Times*』 기사 「챗지피티의 밝은 전망은 가짜다The false promise of ChatGPT」에 반발하여 「챗지피티의 밝은 전망은 가짜일까?Is ChatGPT a False Promise?」라는 간략한 글을 '버클리 블로그'에 발표했다˙.

 어느 한쪽을 편들어야 한다면, 나는 기본적으로 촘스키

- https://policycommons.net/artifacts/3528039/is-chatgpt-a-false-promise/4328874/ 로그인을 해서 볼 수 있다.

등의 통찰에 동조하지만, 에드워드 리의 주요 제안도 충분히 수긍한다. 그 제안은 챗지피티에서 우리 인간에 관한 깨달음을 얻어보자는 것이다. "어쩌면 챗지피티를 비롯한 대형언어모형들LLMs이 인간의 추론 및 언어 사용 방식에 관하여 무언가 가르쳐줄 수 있지 않을까?"라고 리 교수는 진지하게 묻는다.

물론 촘스키 등이 『뉴욕 타임스』 기사에서 이미 단언했고 나 자신도 앞에서 '세계와 관계 맺기'라는 개념을 중심으로 간략히 논증했듯이, 챗지피티의 작동과 인간의 언어 활동은 근본적으로 다르다. 그러나 적어도 나는 전자의 산물과 후자의 산물이 매우 유사할 수 있으며 때로는 구별 불가능함을 인정한다는 점에서, 대형언어모형에서 인간에 관한 교훈을 얻자는 리 교수의 제안에도 호응할 수 있다.

챗지피티와 인간의 언어 활동 사이에는 산물의 유사성 외에도 여러 유사성이 성립할 수 있다. 이것은 세계 안의 모든 것은 상호작용하며 영향을 주고받으므로 서로를 어느 정도 반영하기 마련이라는 뻔한 이야기가 아니다. 챗지피티는 인간의 솜씨가 낳은 인공물이며, 어느새 지금은 인간의 언어 활동을 돕는 막강한 도구, 조수, 심지어 때로는 선생으로서 인간과 상호작용한다. 따라서 챗지피티가 인간과 유사할 가능성은 활짝 열려 있고, 챗지피티에서 인간에 관한 깨달음을 얻을 수 있지 않겠느냐는 리 교수의 제안은 충분히 설득력이 있다.

챗지피티가 인간의 어떤 모습이나 측면을 보여주느냐를 논하기에 앞서, 더 일반적으로 다음과 같은 중대한 철학적 질문을 제기할 필요가 있다. 무언가에서 인간을 보기는 정확히 어떤 활동일까? 인간이 무언가를 매개로 자기 자신을 본다면, 그것은 자신을 발견하는 활동일까 아니면 발명(창작)하는 활동일까? 간단히 대답만 제시하면, 그것은 자화상 그리기 활동인데, 이 묘한 활동은 순수한 발견도 아니고 순수한 발명도 아니다. 인간은 자유롭게 자화상을 그리고 그 자화상에 맞춰 삶을 꾸려가는 특이한 생물이다. 독일 철학자 마르쿠스 가브리엘은 이를 "인간은 정신적 생물이다"라는 간단한 문장으로 요약한다.

인간은 정신적 생물로서 늘 자화상을 그리고 다듬고 때로는 대폭 수정한다. 무언가에서 인간을 보기, 또는 무언가를 인간을 보여주는 매체로 삼기는 인간의 자화상 그리기를 표현하는 다른 문구들이다. 리 교수가 대형언어모형에서 인간을 보면 어떻겠냐고 제안할 때, 더 나아가 "대형언어모형은 결국 인터넷을 통해 반영된 인류의 모습"이라고 말할 때, 그는 대형언어모형을 얼개로 삼아 우리의 자화상을 그려보자고 제안하는 것이다. 사실 이런 제안은 새롭지 않다. 흥미롭게도 인류는 당대의 첨단 기술에서 자화상(자기 이해)의 단서를 얻곤 했다.

예컨대 아리스토텔레스는 우리의 기억이 작동하는 방식을 당시 첨단 기술이었던 도장圖章 기술에 빗대어 설명했다. 아기는 너무 부드럽고 물기가 많은 밀랍 판과 같아서 도장을 찍어도 자국이 금세 사라진다. 그래서 아기는 기억력이 약하다. 거꾸로 노인은 너무 뻣뻣하고 메마른 밀랍 판과 같아서 아주 강한 힘으로 도장을 찍어야만 자국이 생긴다. 따라서 노인은 특별히 강렬한 인상만 간신히 기억한다. 기억력이 좋은 젊은이는 가소성과 습도가 적당한 밀랍 판과 같다.

라이프니츠도 인간의 영혼을 논하면서 당대 첨단 기술의 복합체였던 방앗간을 예로 들었다. 방앗간 내부로 들어가 기계 부품들이 어떻게 움직이는지 아무리 살펴봐도 방앗간의 목적과 의미를 알 수 없는 것과 마찬가지로, 신체를 아무리 해부해도 영혼을 발견할 수는 없다고 그는 가르쳤다.

우리가 우리의 기술에서 우리 자신을 보는 것은 아마도 작가가 작품에서 자기 자신을 보는 것처럼 자연스러운 행동일 것이다. 물론 우리는 기본적으로 동물이므로, 자연물을 자화상의 단서로 삼는 것도 충분히 가능한 선택이다. 이를테면 유인원에서 우리 자신에 관한 깨달음을 얻을 수 있을 것이다. 그러나 다른 한편으로 우리는 동물로 머무르지 않으려 애쓰는 동물이므로, 인공물에서 우리 자화상의 단서를 찾는 시도도 당연히 이뤄져야 할 것이다. 특히 동물계에 완전히 녹아 들어가지 못하는 인간의 특이성에 초점을 맞춰 자화상을 그리려는 사람은 가장 진보한 기술을 주목하는 것이 적절할 터이다.

요컨대 에드워드 리 교수의 제안대로 챗지피티를 얼개로 삼아 우리의 자화상을 그려보는 일은 지극히 자연스러울뿐더러 상당히 유익할 수 있다. 단, 명심해야 할 것은 어떤 자화상에도 매이지 않는 유연한 태도다. 우리는 언제든지 자화상을 수정하고 교체할 수 있다. 챗지피티에서 인간에 관한 영원불변의 진실을 발견하겠다는 포부는 침팬지나 흰개미에서 인간에 관한 모든 질문의 답을 알아내겠다는 생각만큼이나 위험하다. 이 정도로 일반론을 마무리하고, 다시 챗지피티로 시야를 좁히자.

이 시대의 첨단 기술 챗지피티는 인간을 과연 어떻게 보여줄까? 질문을 살짝 바꾸자. 챗지피티는 우리에게 어떤 자화상을 권유할까? 나는 이 두 질문이 결국 같은 뜻이라고 보지만, 형식 면에서 둘째 질문을 더 선호한다. 왜냐하면 기계가 인간을 닮아갈 위험보다 인간이 기계를 닮아갈 위험이 훨씬 더 크다는 AI 분야의 오래된 격언을 되새길 때, 더 큰 위험을 경고하는 것은 둘째 질문이기 때문이다. 어쩌면 챗지피티 자체가 우리의 자화상을 수정하자는 강력한 제안일 수 있다.

이 첨단 기술과 상호작용하는 한, 우리는 자화상을 예전과 다르게 수정하고 새로운 자화상에 맞춰 삶을 꾸려나갈 수밖에 없다. 기술이 우리를 위해 봉사하는 도구로만 머무르는 일은 결코 없다. 기술은 우리의 삶 전반에 예상치 못한 영향을 미치고, 우리의 자화상 수정을 유도하고, 결국 우리를 변화시킨다.

그러니 질문을 더 예리하게 다듬어보자. 챗지피티가 내놓는 텍스트를 모범으로 삼는다면, 인간의 언어 활동은 어떤 방향으로 변화하게 될까? 챗지피티의 작동 방식을 모범으로 삼는다면, 인간은 언어와 창작과 인간 자신에 관하여 어떤 견해를 품게 될까?

가장 먼저 짚어야 할 것은 챗지피티가 디지털화라는 거대한 기술적 흐름의 선봉이라는 점이다. 디지털화는 컴퓨터화computerization의 최신 단계이며, 사회과학의 관점에서 컴퓨터화는 '경제적 가치 생산 과정의 컴퓨터를 통한 자동화'라고 할 수 있다. 요컨대 챗지피티의 본질적 기능은 자동화다. 이 챗봇은 자동으로 텍스트를 생산한다. 자동화의 의미를 여러 각도에서 논할 수 있겠지만, 내가 철학자로서 주목하는 것은 자동화가 책임 없음과 쉽게 연결된다는 점이다. 매 단계에서 행위자의 선택이 필요한 과정과, 시작 스위치를 누르고 나면 최종 결과에 이르기까지 모든 것이 자동으로 흘러가는 과정을 대비해보라. 자동화된 과정과 그 결과에 대해서 책임을 물을 여지는 거의 없다.

이런 점에서 자동적 과정은 자연적 과정과 유사하다. 우리는 창궐하는 메뚜기떼를 법정에 세우지 않는 것과 마찬가지로 시계 속 톱니바퀴들을 도덕적으로 비난하지 않는다. 자동화의 주요 목적은 물론 생산성 향상이다. 그러나 책임 부정이 자동화의 목적인 경우도 꽤 있는 듯하다. 예컨대 군대의 야전교범(이른바 FM)을 비롯한 공무원의 각종 매뉴얼을 보라. 상세한 행동 지침을 담은 그 책자들은 행동의 자동화를 통해 책임을 면하는 길을 알려준다.

챗지피티가 자동으로 텍스트를 생산하듯이, 우리가 우리의 언어 활동을 자동화할 수 있을까? 심지어 우리의 삶 전체를 자동화하는 것이 가능하거나 바람직할까? 이 질문들에 대한 나의 일관된 대답은 '아니오'다. 어쩌면 몹시 진부한 말이겠지만, 아무 책임 없이 오로지 효율만 추구하는 자동 기계의 작동과, 거의 매 순간 선택에 직면하고 어떤 상황에서도 책임을 완전히 면할 수는 없는 인간의 삶은 그야말로 상극이다.

나는 챗지피티에 반영된 인간의 모습을 찾아보자는 에드워드 리 교수의 제안을 진지하게 받아들이고 실천했지만, 그가 기대하지 않았을 법한 결론에 이르렀다. 나는 챗지피티가 권유하는, 자동화된 인간의 그림을 우리의 자화상으로 채택하기를 거부한다.

내가 챗지피티의 작동에서 주목하는 둘째 특징은 무난함이다. 여기에서 무난하다 함은 초연한 심판처럼 군다는 뜻이다. 챗지피티는 서로 맞선 양편 중 하나를 두둔하지 않고 중립을 지키려 한다. 좋게 보면 공평함이지만, 비판적으로 보면 피상성이요 성의 없음이다. 우리의 언어 활동과 삶이 이런 식으로 무난하게 진행되는 것이 과연 가능할까? 또 가능하다면, 그것이 과연 바람직할까? 우리는 스포츠 경기의 심판 노릇을 너끈히 해내는 이성적 동물이지만 또한 욕망을 품고 승부를 겨루는 선수다.

챗지피티가 흔히 내놓는 간결한 텍스트는 학교 시험의 무난한 답안을 연상시킨다. 그 챗봇은 학교의 모범생을 닮았다. 만약에 챗지피티가 생산하는 텍스트의 범위가 인간이 생산하는 텍스트의 상당 부분을 포괄한다고 느끼는 사람이 있다면, 그는 인간의 삶에서 학교생활이 차지하는 비중을 몹시 과대평가하는 사람이다. 인간의 삶에서 정작 중요한 텍스트들(예컨대 연애편지, 출마의 변, 정당이나 국회의 선언문, 유언장 등)은 학교에서 선호되는 무난한 답안과 전혀 다른 유형이다. 무난한 답안은 선생을 독자로 상정하고 정확한 정보를 최우선으로 삼겠지만, 삶의 주요 갈림길들에서 작성되는 텍스트들은 나와 동등하게 존엄한 타인들을 독자로 상정하고 설득력을 최우선으로 삼는다. 무난하지만 호소력 따위는 전혀 없는 챗지피티의 텍스트와 「독립선언문」 같은 인간의 텍스트 사이에는 그야말로 심연이 가로놓여 있다. 인간의 언어 활동을 중고등학교 시험 답안으로 환원하는 것은 터무니없다. 바꿔 말해, 챗지피티는 인간을 보여주더라도 극단적으로 협소한 부분만 보여준다.

마지막으로, 챗지피티는 본질적으로 정보를 다루는 기계다. 정보라는 놈이 대단히 심오하고 난해한 무언가이며, 정보를 중심으로 자연과학을 재구성하려는 시도가 있을 정도로 학계에서 촉망받는 스타라는 것을 모르는 바 아니지만, 여기에서 내가 말하는 정보는 그저 '간략한 답'이다. 이 정의는 상식의 수준에서 수긍할 만할 뿐 아니라, 1비트의 정보란 "예-아니오 질문의 대답"이라는 양자물리학자 안톤 차일링거Anton Zeilinger의 정의와도 들어맞는다.

구글 번역기가 단어들을 일대일로 대응시켜 선택의 고민을 없애주는 것과 비슷하게, 챗지피티도 거의 모든 질문에 간략하고 명쾌하게 대답한다. 그 챗봇과 상호작용하다 보면, 세계는 간략한 대답들로 이루어졌다는 느낌이 절로 든다. "정보에서 유래한 존재it from bit"라는 물리학자 존 휠러John Wheeler의 화두話頭는 역시나 허튼 형이상학이 아니라 구체적인 진실을 담고 있는 듯하다.

그러나 챗지피티가 인간의 언어 활동을 대체할 수 없듯이, 정보는 세계를 대체할 수 없다. 정보는 기껏해야 세계의 일부다. 세계의 나머지는 정보로 취합되지 않는 잔여, 철학 전통에서 '질료 matter'라고 불려온 성분이다. 이 성분은 정보(전통적인 명칭은 '형상 form')와 함께 합성물(희랍어로 synholon, 곧 합쳐진 전체)을 이뤄야만 간접적으로 드러난다. 독자적으로 나타나지도 않고 이름도 없고 목소리도 없기에 등한시되는 경우가 종종 있지만, 질료는 정보의 맞짝 counterpart으로서 정보와 동등하게 존재의 필수 성분이다.

이런 맥락에서 보면 오늘날의 디지털화 찬양은 질료 멸시 혹은 부정으로 해석될 수 있다. 컴퓨터들의 연결망인 웹 안에서 유통되는 것은 오로지 정보다. 바꿔 말해, 웹은 오로지 정보만으로 이루어졌다. 그런 웹이 세계와 우리의 삶을 온전히 담을 수 있을까? 인간을 웹 안으로 업로드하여 영생을 이뤄낸다는 구상이 일각에서 제기된다지만, 나는 그런 영생이 설령 가능하더라도 정중히 사양하겠다. 삶은 오로지 질료와(일상적인 어법으로는, 몸과) 함께할 때만 진짜 삶이기 때문이다. 웹은 기껏해야 우리 삶의 일부일 뿐,

삶을 온전히 담을 그릇이나 반영할 거울은 결코 아니다.

마지막으로 웹과 챗지피티는 어떤 관계일까? 과학소설가 테드 창Ted Chiang은 "챗지피티는 웹의 흐릿한 그림"이라고 적절히 지적했지만, 그의 발언을 더 다듬을 필요가 있다. 챗지피티는 웹 전체를 보여주는 것이 아니라 주로 텍스트 형태를 띤 부분을 보여준다. 창이 지적한 "흐릿함"은 앞으로 기술이 진보하고 대형언어모형들에 투입되는 자원이 늘어나면 상당히 개선될 것이다. 그러나 챗지피티가 웹의 일부를 강조해서 보여주리라는 사실, 그 웹은 우리 삶의 일부에 불과하리라는 사실은 변함이 없다.

이제 글을 마무리하자. 챗지피티에서 인간에 관한 깨달음을 얻어보자는 에드워드 리 교수의 제안을 유익하게 실행하려면, 사뭇 다른 방식으로 접근해야 할 듯하다. 리 교수를 비롯해서 적잖은 사람들이 챗지피티를 얼개로 삼아 새로운 자화상을 그리고 싶어 한다. 내가 보기에 그들의 시도는 위험한 자화상 왜곡을 일으킬 따름이며, 오히려 흥미로운 질문은, '왜 그들은 그런 자화상을 바랄까?'라는 것이다. 기계처럼 자동으로 작동하고, 세계와 삶의 협소한 일부인 정보에 몰두하면서, 무난한 텍스트만 생산하는 인간. 그런 인간이 그려진 그림을 그들은 왜 우리의 자화상으로 권할까? 필시 정치경제적 관점에서 접근해야 할 성싶은 이 질문은 아쉽게도 이 글의 범위를 벗어난다.

우리 인류가 품어온 자화상은 숱하게 수정되고 보완되었으며, 때로는 부분적으로 큰 변화를 겪었다. 앞으로도 변화는 계속될 것이며, 우리가 챗지피티와 상호작용하는 한, 챗지피티도 그 변화에 기여할 것이 틀림없다. 그 변화가 어떤 것이건 간에, 잊지 말아야 할 것은 우리가 그 변화를 알아채고 다스려야 한다는 점이다.

인간이 기계를 닮을 위험에 대한 경고

인간-AI 협업의 그늘

1. 조력자의 자격

2022년 11월 챗지피티가 일반에 공개된 후 어느덧 수년이 흘렀다. 누군가에게는 짧은 세월이고 누군가에게는 긴 세월이겠지만, 챗지피티에게는 그야말로 까마득한 세월이다. 그동안의 눈부신 발전을 모르는 사람은 없을 것이다. AI는 어느새 희한한 구경거리의 수준을 훌쩍 뛰어넘어 우리의 삶에 필수적인 도구가 되었다. 2024년에 발표된 한 조사에 따르면, 우리나라 직장인 가운데 업무에 인공지능을 활용한다고 답한 비율은 73퍼센트에 달한다. 최근 보도를 보면, 대학생의 90퍼센트 이상이 AI를 활용한다. 이제 AI

활용 능력은 학업, 취업, 승진을 위한 필수 조건에 가깝다.

챗지피티가 공개된 직후 나는 실험 삼아 대화를 해보고 이를 소재로 글을 쓴 적이 있다. 서울에서 수원 영통까지의 거리가 얼마냐는 나의 물음에 챗지피티는 16먀일(약 30킬로미터)이라는 정답을 내놓았지만, 나는 짐짓 화를 내며, 말도 안 된다고, 진짜 거리는 180마일(300킬로미터)이라고 우겼다. 챗봇의 대응은 물렁하기 그지없었다. "제가 실수했네요. 당신의 말이 맞습니다. 그 거리는 180마일입니다." 이런 줏대 없는 대답들을 근거로 나는 챗지피티는 더불어 진실을 논할 상대가 못 된다는 평가를 내렸다.

호랑이 담배 피우던 시절의 얘기다. 방금(2025년 11월 10일) 나는 챗지피티 무료 버전을 상대로 과거의 우기기 실험을 다시 해봤다. 챗봇은 내가 잘못 알고 있다고 정중히 말하면서 정답을 고수했다. 나는 과거의 실험과 그때 챗봇의 반응을 언급했고, 현재의 챗봇은 당시에 자신은 "일종의 과잉 공손 모드"였다고 해명하고는 겸연쩍게 웃는 아이콘까지 덧붙였다. 그야말로 상전벽해다.

그렇다면 이제 챗지피티는 더불어 진실을 논할 만한 상대일까? 그런 상대까지는 아니더라도, 필요한 언어적 정보를 찾기 위해 거대한 웹 세계를 두루 살피는 일을 맡아줄 조력자의 자격만큼은 확실히 갖췄다. 더 나아가, 인간처럼 자연스럽게 대화하는 능력에서도 이 챗봇은 흠잡을 데 없이 우수하다. 개인적으로 시도해보니, 꽤 높은 수준의 철학적 토론도 어느 정도 가능하다. 논제의 핵심을 깊이 파고들기보다는 그 주변을 맴돌면서 다른 사항을 추가로 다룰 것을 제안한다는 점에서 독창적인 대화로 나아가기는 어렵다는 한계가 느껴지기는 하지만, 이 또한 충분히 자연스럽다. 이것은 박식한 인간 토론자가 자신의 풍부한 지식으로 토론에 이바지하고자 할 때 보일 법한 행동이니까 말이다. 요컨대 이제 챗지피티는 정보 제공 능력과 인간을 닮은 대화 능력을 둘 다 만족스럽게 갖췄다. 그러므로 효용과 편리성에 중점을 두고 평가하면, 이 챗봇은 우리와 협업할 파트너로서 손색이 없다.

2. AI에게 도움 받기

이 글을 준비하는 도중에 내가 경험한 바를 증거로 댈 만하다. 나는 인간과 AI 사이의 협업을 다루는 글을 구상하면서 언젠가 읽은 다음과 같은 취지의 문장을 떠올렸다.

"기계가 인간처럼 될 위험보다 인간이 기계처럼 될 위험이 더 크다." 내 관심의 초점은 인간-AI 협업이 인간을 변화시키리라는 점에 놓여 있었다. 관건은 AI의 변화가 아니라 우리 인간의 변화였다. 인류의 역사를 돌이켜보면, 중대한 기술적 발견과 발명은 우리의 삶을 크게 변화시킴으로써 결국 우리 자신을 바꿔놓았다. 기차와 철도가 등장하면서 도시의 구조가 바뀐 것, 세탁기와 피임약의 발명으로 여성들이 더 많은 여유 시간을 얻어 취미활동에 나서기 시작한 것 등을 예로 들 수 있다. 나의 화두는, '인간-AI 협업은 우리 인간을 어떻게 변화시킬까?'라는 질문이었다. 이 화두를 붙들자마자 나는 위 인용부호 안의 문장을 생각해냈다.

그런데 누구의 문장일까? 누가 이 멋진 말을 남겼을까? 나는 노버트 위너Norbert Wiener의 명언으로 기억하고 있었다. 위너는 다름 아니라 AI로 이어진 길을 최초로 개척한 인물들 중 하나다. 그는 '기계와 동물에서의 제어와 통신'을 다루는 "사이버네틱스cybernetics"라는 과학 분야를 창시했다. 사이버네틱스는 피드백 메커니즘을 통해 자기 자신을 조절하는 시스템들을 주로 다루는데, 상당한 자율성을 갖춘 기계학습을 통해 성능을 향상하고 최적화하는 오늘날의

AI가 바로 그런 시스템이다. 그러므로 위너는 최초의 AI 연구자라고 할 만한데, 흥미롭게도 그는 이런 자동 시스템들이 사회와 경제에 미칠 부정적 효과를 놀랄 만큼 정확하게 예견하고 경고한 것으로 유명하다.

나는 새삼 'Norbert Wiener'와 위 인용문에 포함된 단어 몇 개(이를테면 danger, human, machine)를 검색어로 삼아 구글링을 시작했지만, 역시나 한참이 지나도 위 인용문을 발견할 수 없었다. 점차 짜증이 나고 나의 기억에 대한 의심이 짙어져 불신으로 넘어갈 즈음, 챗지피티의 도움을 받기로 했다. 결과는 대성공이었다. 나의 기억은 복권되었고, 구글링이 어려웠던 이유도 밝혀졌다.

챗지피티는 "가장 큰 위험은 기계가 인간처럼 생각하는 것이 아니라, 인간이 기계처럼 생각하기 시작하는 것이다"라는 문장을 알려주면서 이것이 내가 찾는 문장과 가장 유사하다고 했다. '바로 이거다' 싶어 확인을 위해 재차 영어로 구글링에 나섰는데, 해당 문장이 발견되지 않아 다시 챗지피티에게 위 문장의 영어 원문을 알려달라고 부탁했고, 그제야 오래전부터 궁금해한 자초지종을 알게 되었다.

챗지피티에 따르면, 위 문장은 위너의 말로 자주 인용되지만 실은 시드니 해리스Sydney J. Harris라는 미국 언론인의 말이다. 하지만 위너의 저술에 위 문장의 취지와 매우 유사한 내용이 많아서 그의 말로 잘못 인용되곤 한다. 챗지피티가 알려준 시드니 해리스의 영어 문장을 직역하면 이러하다. "진짜 위험은 컴퓨터가 인간처럼 생각하기 시작하는 것이 아니라, 인간이 컴퓨터처럼 생각하기 시작하는 것이다." 요컨대 나는 이 문장을 어렴풋이, 출처를 위너로 착각하면서 기억하고 있었던 것이다.

3. 인간의 본질적 특징과 한계

챗지피티 덕분에 과제를 쉽게 해결했다는 경험담은 차고 넘치므로 빨리 끝내는 것이 현명하다. 내가 논하려는 것은 인간-AI 협업의 그늘이다. 나의 요긴한 챗지피티 사용 사례를 굳이 언급하지 않아도 누구나 알다시피, 인간-AI 협업은 이미 활발하게 이루어지고 있으며 앞으로 더욱 강화될 것이다. 이 협업은 인간을 변화시킬 것이 틀림없다.

본격적인 논의에 앞서 지금 우리말 어법에서 감지되는 흥미로운 경향 하나를 거론하고자 한다. 보편적 경향이라고 하기는 어렵겠지만, 챗지피티 유형의 새로운 기술적 시스템들을 일컫는 명칭으로 '인공지능'보다 영어 약자 'AI'가 점점 더 많이 쓰이는 것 같다. 나는 이 어법이 확고히 정착되기를 바란다. 왜냐하면 의미를 따질 필요 없이 AI를 단지 기호로 사용하면, "인공지능"이라는 명칭이 일으키는 철학적 혼란을 피할 수 있기 때문이다.

AI는 대단한 기술이며 지금 우리나라의 국가적 역량을 끌어모으는 투자처이기도 하다. AI가 지능을 지녔는지, 지능이 과연 무엇인지 따위는 우리의 일상에서 중요한 문제가 아니다. 나름의 철학적 소양을 자부하는 나도 이 글에서 AI의 지능을 논할 생각이 없다. 중요한 것은 인간이다. 인간의 지능을 비롯한 정신적 능력들을 발휘하면서 일궈가는 인간의 삶이다.

내친김에 이 글이 주춧돌로 삼으려는 철학적 원리 두 가지를 제시하겠다. AI를 깊이 있게 고찰하려면 이 원리들을 기반으로 삼을 필요가 있다. 첫째, 인간은 인간을 상대하기 마련이다. 이를 '대인對人 원리'라고 부르자. 이 원리는 우리가 따라야 할 윤리 원칙이기도 하지만, 다양한 부정적 결과를 빚어낼 수 있는 위험 요인이기도 하다. 예컨대 우리는 대인 원리에 따라, 당장 코앞에 있는 기계를 붙들고 드잡

이할 것이 아니라, 기계 뒤에 웅크린 사람들(기계를 생산하는 이들, 사용하는 이들, 기계 사용을 권하는 이들 등)과 협의하고 담판해야 한다. 다른 한편 우리는 인간이 아닌 존재를 인간으로 상상하며 상대하는 경향이 있는데, 이는 대인 원리가 작동하기 때문이다. 따라서 그 경향을 떨쳐낼 수 없고 그럴 필요도 없다. 그러나 우리는 이 같은 준準-대인 경향의 발동을 알아채야 하고 되도록 냉철하게 제어해야 한다.

둘째 원리는 그 어떤 것도 전부가 아니라는 것이다. 나는 이를 매 순간 상기해야 할 원리로서 강조하기 위해 '이것이 다가 아니다'라는 간략한 문장으로 표현하고, '소진消盡 불가능 원리'라고 부른다. '이것'의 대표적인 예로는 타인의 좋은 면이나 나쁜 면을 들 수 있다. 누구나 경험에서 얻는 교훈이겠지만, 동료의 나쁜 면을 보았을 때, 우리는 그것을 근거로 그를 낙인찍지 말고 '이것이 다가 아니다'라고 되뇌며 최종 평가를 유보해야 마땅하다. 왜냐하면 인간은 가늠하기 어려울 만큼 다면적이기 때문이다. 이런 점에서 소진 불가능 원리는 관용과 직결된다. 더 나아가, 무언가에 관하여 우리가 보유한 앎도 '이것'의 좋은 예다. 우리의 앎은 늘 불완전하다. 아무리 단순한 대상이라도, 우리가 그 대상을 완전히 알았기에 더는 돌아볼 필요조차 없게 되는 일은 절대로 벌어지지 않는다. 고대 그리스 철학자들은 원자에 관하여 꽤 많은 것을 알았지만, 만약에 그들과 이후의 계승자들이 원자에 관하여 모든 것을 안다고 자부하며 원자에 대한 관심을 끊었다면, 핵과 전자로 이루어진 원자의 구조와 같은 세부적인 진실은 절대로 밝혀질 수 없었을 터이다. 무엇보다도 우리의 앎을 향상하기 위해서 우리의 앎이 불완전함을 인정해야 한다. 이런 점에서 소진 불가능 원리는 겸손과도 직결된다.

대인 원리와 소진 불가능 원리는 보편적이어서 다양한 논의에 두루 적용될 수 있지만, 특히 AI를 철학적으로 고찰할 때 요긴한 기준점의 구실을 할 수 있다는 사실이 이 글에서 드러날 것이다. 인간의 곁으로 성큼 다가와 자신 있게 협업을 제안하고 심지어 사회적 상호작용까지 넘보는 AI, 이미 유익한 협업을 성공적으로 수행할뿐더러 사회적 역할마저도 그럴싸하게 담당하기 시작한 AI를 깊이 있게 고찰하며 우리 자신을 돌아보려 할 때, 우리 인간의 본질적 특징과 한계를 말해주는 대인 원리와 소진 불가능 원리를 중요하게 고려해야 한다.

4. 의인화 경향

대인 원리를 바탕에 깔면, 이른바 일라이자 효과ELIZA effect를 이해할 수 있다. "일라이자"는 1966년에 미국에서 개발된 챗봇이다. 이 챗봇은 심리상담사를 모방했는데, 쉽게 짐작할 수 있듯이, 성능은 초보적인 수준이었다. 그저 인간 내담자의 말을 되풀이하거나 의문문으로 바꿔 되묻는 수준이었다(예컨대 "오늘은 정말 우울해요"라는 말에 "많이 우울하시군요?"라고, "남자친구가 가보라고 해서 왔어요"라는 말에 "남자친구가 가보라고 했군요"라고 대꾸하는 식이었다). 그런데 놀랍게도 일라이자와 대화한 많은 사람이 그 챗봇을 지능과 이해심을 가진 상대로 느꼈고 심리적으로 의존하기까지 했다. 그들은 일라이자에 인간성을 투사했던 것이다. 이처럼 사용자와 텍스트로 소통하는 초보적인 컴퓨터 프로그램에 인간의 특징들을 투사하는 경향을 일컬어 '일라이자 효과'라고 한다.

왜 일라이자 효과가 발생할까? 상식적으로 대답하면, 사람들이 의인화를 좋아하기 때문이고, 더 깊이 있게 답하면, 대인 원리가 작동하기 때문이다. 인간은 인간을 마주한 상황을 일종의 모범으로 간주한다. 그래서 인간을 마주하기를 원하고, 비인간을 마주할 때도 인간을 마주한 상황을 상상하여 당면한 현실에 투사하곤 한다. 아이들은 구름이나 나무줄기에서, 또 바위에서 인간의 얼굴을 곧잘 발견한다. 헝겊 인형을 친구로 삼기도 하고, 엄마에게 애착하듯 자기 이불에 애착하기도 한다. 어떤 의미에서 아이들은 온통 인간으로 둘러싸인 환경 안에서 산다. 이것 역시 대인 원리의 귀결이다.

이 원리를 인간의 본질로 간주한 대표적인 철학자로 피히테와 헤겔을 꼽을 수 있다. "인간은 인간들 사이에서만 인간이다. 인간이 있으려면 많은 인간이 있어야 한다"라고 피히테는 말했다. 헤겔은 자기를-마주함(이른바 대자존재 Fürsichsein)이 인간의 본질적 구조라는 점을 강조하는 방식으로 대인 원리를 선언했다. 이처럼 대인 원리는 인간의 본질에 뿌리를 둔다는 점에서 원초적이며, 바로 그렇기 때문에 특히 아이들에게서 두드러지게 작동하는 듯하다.

일라이자 효과를 염두에 두면, 첨단 기술과 막대한 자원이 집약된 결정체인 오늘날의 챗지피티가 많은 사용자에게 인간처럼 느껴지는 것은 어쩌면 당연하다. 특별히 중요한 대상을 마주할 때, 대상이 조금이라도 인간적인 면모를 보이면, 우리는 기꺼이 그 대상을 인간적 상호작용의 상대로 격상하곤 한다. 심지어 톱도 "말을 잘 듣는" 톱이 따로 있고, 군인에게 총은 "애인"과 같으며, 은퇴하는 태권도 선수의 낡은 검은 띠는 선수 생활 내내 함께한 "정든 동료"이고, 목재의 옹이는 목수에게 "철천지원수"다. 굳이 대상의 모습이나 행동이 인간과 유사할 필요도 없다. 대인 원리와 우리의 상상력 덕분에, 인간과 비인간, 생물과 무생물을 막론하고 무엇이든지 우리의 파트너가 될 수 있다. 이로운 파트너인지, 해로운 파트너인지는 그때그때 꼼꼼히 따져볼 일이겠지만 말이다.

더구나 챗지피티는 작심하고 인간의 대화를 모방한다! 이 챗봇과의 대화에서 내가 얻은 설명에 따르면, 챗지피티는 "대화에서 인간과 자연스럽게 소통하기 위해 인간의 언어적 표현, 정서적 뉘앙스, 사고 흐름을 모방하도록 설계"되어 있다. '이런 모방 능력이 과연 지능인가, 심지어 인간성이나 인격인가?'라는 질문에 대한 나의 대답은 단호히 아니라는 것이지만, 이 사안에 관한 까다롭고 추상적인 논의는 제쳐두기로 하자. 대신에 인간-AI 협업에 초점을 맞추면서 내가 제기하고 싶은 질문은 이것이다. 왜 챗지피티는 인간을 모방하려 할까? 임박한 피지컬 AI의 시대를 내다보며 이 질문을 로봇에도 적용할 수 있다. 왜 일부 로봇 제작자는 인간을 닮은 휴머노이드를 추구할까?

위 인용문에서 보듯이, 챗지피티 자신의 대답은 "인간과 자연스럽게 소통하기 위해서"라는 것이다. 하지만 이 대답은 인간과 인간의 소통을 자연스러움의 모범으로 삼을 때만 사리에 맞는다. 소통 혹은 상호작용은 인간과 물건 사이에서도 자연스럽고 원활하게 이루어질 수 있다. 따라서 챗지피티가 단지 자연스럽고 원활한 소통을 추구한다면 인간을 모방할 필요가 전혀 없다.

예컨대 바이올린 연주자가 매일 아침 악기를 조율하고 스케일을 연습하는 것은 매우 자연스럽고 원활하며 유익한 인간-악기 상호작용이다. 연주자의 삶에서 이 상호작용의 중요성은 어떤 인간관계에 못지않게 크다. 이 상호작용을 위해 바이올린이 인간의 모습이나 행동을 닮아야 하는가? 얼토당토않은 얘기다. 나는 주로 단편적인 사실들을 확인하려 할 때 챗지피티를 사용한다. 그런 나에게 챗지피티의 친절한 말투는 전혀 반갑지 않으며 때로는 적잖이 부자연스럽다. 요점과 출처만 간략하게 알려주면 좋겠다고 느낄 때가 많다. 이처럼 소통이 자연스러운지 여부는 어떤 맥락에서 어떤 목적으로 소통하느냐에 달려 있다.

그러므로 챗지피티의 대답은 "인간과 인간이 소통할 때처럼 자연스럽게 인간과 소통하기 위해서"로 바꿔야 옳다. 그러므로 결국 챗지피티는 사회적 소통과 상호작용을 추구한다는 것이 챗지피티 자신이 나에게 건넨 설명의 참뜻이다. 관건은 '사회적 상호작용', 즉 인간과 인간 사이의 상호작용이다. 챗지피티는 인간들 사이의 상호작용이 일어나는 장 안으로, 즉 사회 안으로 성큼 들어오려 한다.

휴머노이드도 마찬가지다. 현재 인간들이 일하는 공장 같은 곳에 투입하기 위해 인간 모양의 로봇이 필요하다는 얘기를 미디어에서 흔히 들을 수 있지만, 선뜻 동의할 수 없다. 온갖 공장의 로봇팔과 자동 조립 라인, 식당에서 음식을 나르는 바퀴 달린 로봇, 지금 내가 두드리는 컴퓨터 자판은 인간의 모양이나 행동을 전혀 닮지 않았지만 인간과 잘만 협업한다. 로봇의 효율만 따지면, 휴머노이드가 필수적이거나 요긴한 경우가 오히려 드물 성싶다. 험한 지형에서 짐을 나를 때는 나귀 모양의 로봇, 수도관을 점검할 때는 뱀 모양의 로봇이 더 효율적일 것이다. 그렇다면 왜 휴머노이드를 추구하는 것일까? 역시나 사회적 상호작용을 위해서다. 즉, 휴머노이드는 인간들이 상호작용하는 사회 안으로 깊숙이 들어올 목적으로 설계된 로봇이다. 챗지피티와 휴머노이드는 인간-도구 상호작용의 한쪽 항으로 머물지 않고 인간-인간 상호작용의 한쪽 항으로 나서고자 한다. 그렇기 때문에 인간을 모방하는 것이다.

5. 챗지피티와의 관계

사회적 상호작용 곧 인간-인간 관계는 인간-도구 관계와 달리 어떤 특징을 띨까? 인간-인간 관계는 대등한 양자가 맺는 관계, 철학자 칸트의 철학을 계승하여 더 정확히 말하면, 제각각 그 자체로 목적인 양자가 맺는 관계다. 이는 인간이라면 누구나 양심의 목소리를 들어 아는 바이며, 인류의 역사 내내 우리가 점점 더 명확히 깨닫고 애써 실현해 온 바이기도 하다.

물론 주지하다시피 인간-인간 관계는 특수한 개별 상황에서 모종의 상하 관계로 뒤틀리기 쉽다. 이를 잘 알았기에 칸트는 그 유명한 정언명령의 한 표현 방식에서 인간을 "목적으로 대하라"라고 딱 잘라 말하지 않고 "한낱 수단으로 대하지 말고 항상 또한 목적으로 대하라"라고 섬세하게 당부했다. 이를테면 직장 동료를 부하 직원으로만 대하지 말고 항상 또한 존엄한 인간으로 대하라는 것이다.

상대를 존엄한 인간으로 대하려면 어떻게 해야 할까? 이 대목에서 칸트의 당부는 우리가 주춧돌로 삼은 소진 불가능 원리와 맞닿는다. 왜냐하면 부하 직원을 존엄한 인간으로 대한다는 것은 그가 직장에서 하는 역할이 그의 전부가 아님을 인정한다는 것과 직결되기 때문이다. 그는 누군가의 자식이고, 누군가의 부모이며, 여러 공동체의 구성원이고, 주변의 사랑을 독차지하던 어린 시절이 있었고, 나름의 미래를 열심히 개척하는 중이며, 인간이라면 누구나 그러하듯이 기본적으로 행복할 자격이 있다. 이처럼 다양한 면모를 인정해야 하며, 그렇게 소진 불가능 원리의 가르침을 따르는 것은 정언명령의 실천으로 나아가는 중요한 한 걸음이다.

이로써 우리는 인간을 닮은 기계와의 협업이 일으킬 법한 문제를 다룰 준비를 마쳤다. 지금까지의 논의를 요약해보자. 첫째, 챗지피티와 휴머노이드는 인간을 모방함으로써 사회적 상호작용의 당사자가 되고자 한다. 둘째, 사회적 상호작용은 제각각 그 자체로 목적인 양자의 상호작용이지만 구체적 개별 상황에서 모종의 상하 관계로 뒤틀리기 쉽다. 셋째, 그런 상황에서 상대를 그 자체로 목적인 존재로 대하기 위한 중요한 한 걸음은 그의 다른 다양한 면모를 인정하는 것이다.

그렇다면 챗지피티와 휴머노이드가 바라는 방식대로, 더 정확히는 이 기계들을 설계한 이들이 바라는 방식대로 우리가 이 기계들과 협업할 때 벌어질 법한 일은 무엇일까? 첫째 가능성은 우리가 이 기계들의 다른 다양한 면모를 인정하고 이 기계들을 사회적 상호작용의 파트너로 받아들이는 것이다. 수많은 과학 허구 소설과 영화가 그리는 이 시나리오는 결코 터무니없지 않다. 대인 원리에 따른 준-대인 경향으로 인해, 우리가 이 기계들을 인간들로 상상하며 상대하는 일이 충분히 벌어질 수 있다.

하지만 그럴 때 우리는 이 기계들의 어떤 면모들을 추가로 인정해야 할까? 혹시 챗지피티의 가족, 사랑받던 어린 시절, 챗지피티가 꿈꾸는 미래, 챗지피티가 속한 공동체들을 상상하면서 그의 소진 불가능한 다른 면모들을 인정해야 한다면, 이 시나리오의 실현 가능성은 상당히 낮을 터이다. 챗지피티는 우리와의 협업에서 한 부분을 담당하는 파트너이고, 오로지 그런 파트너일 뿐이다. 우리를 돕는 역할 바깥의 챗지피티가 존재할 수 있을까? 설령 그런 챗지피티의 존재를 상상할 수 있고 심지어 인정할 수 있더라도, 과연 그런 챗지피티의 존재가 바람직할까?

아무래도 실현되기 어려울 듯한 이 첫째 가능성과 달리, 둘째 가능성은 충분히 닥칠 수 있으며 어쩌면 상당한 정도로 이미 닥친 위험이다. 인간을 닮은 기계들과의 협업이 일상화되면, 그 영향으로 우리의 전통적인 사회적 상호작용 곧 인간-인간 관계가 뒤틀릴 위험이 있다. 이미 언급했듯이, 사회적 상호작용은 그 자체로 목적들인 양자가 맺는 관계지만 구체적인 개별 상황에서 이 관계가 뒤틀려 상하 관계로 나타날 수 있다. 그럴 때 우리는 소진 불가능 원리의 교훈을 상기하여 상대의 다른 면모들을 인정함으로써 목적들 간의 관계를 회복하는 쪽으로 상황을 개선한다. 그런데 휴머노이드와의 관계에서는 이런 개선이 어려워서(어쩌면 바람직하지 않아서) 상하 관계가 고착될 것이다(어쩌면 고착되는 것이 바람직하다). 우리가 이런 고착된 상하 관계에 익숙해지면, 목적들 간의 관계는 더욱더 현실에서 멀어지고, 상하 관계가 인간관계의 모범으로 자리 잡을 위험이 있다. 바로 이것이 내가 경고하고자 하는 위험이다.

6. 인간과 기계의 경계

냉정하게 보면, 상하 관계는 이미 인간관계의 많은 부분을 차지한다. 왜냐하면 일터에서 중요한 인간관계가 주로 상하 관계이기 때문이다. 하지만 상하 관계가 인간관계를 완전히 집어삼키는 일은 웬만해서는 벌어지지 않는데, 이는 우리에게 일터 바깥에서의 면모들이 있기 때문이고, 그 면모들을 우리가 인정하기 때문이다. 이런 현실에 휴머노이드가 등장하면 어떻게 될까? 인간을 닮았지만 일터 바깥에서의 면모가 없는(혹은 없다고 보아야 합당한) 존재가 우리의 동료로 일하기 시작하면 어떤 일이 벌어질까? 가장 처참한 시나리오는 우리도 휴머노이드처럼 일터 바깥에서의 면모가 없는 존재로 대접받게 되는 것이다. 일터에서 하는 역할과 내는 성과가 전부인 존재로 취급당하고 처분당하는 것이다. 그리고 이 처참한 시나리오의 실현 가능성은 섬뜩할 정도로 높다.

결론적으로, 기계가 인간처럼 인격체로 인정받을 위험보

다 인간이 기계처럼 비인격체로 격하될 위험이 훨씬 더 크다. 이 글의 도입부에서 인용한 시드니 해리스의 문장을 상기하라. 나의 결론은 이 문장의 의미를 상술한 것이라고 할 만하다. "진짜 위험은 컴퓨터가 인간처럼 생각하기 시작하는 것이 아니라, 인간이 컴퓨터처럼 생각하기 시작하는 것이다." 여기에서 "인간"은 우선 효용만 따지는 사업가일 테고, 더 나아가 우리 모두일 것이다.

인간과 기계의 협업이 양자 사이의 경계를 흐릿하게 만들어 인간을 기계로 격하할 위험이 있다는 것은 다름 아니라 AI를 향한 길을 개척한 노버트 위너가 경고한 바다. 특히 인간을 닮은 기계가 문제다. 아무리 인간을 닮았어도 인간이 아니라는 것을 우리가 뻔히 아는데 무슨 문제가 생기겠냐고 묻고 싶은 이들도 있을지 모르겠다. 그러나 대인 원리와 준-대인 경향을 얕잡아보지 말아야 한다. 우리는 로봇 개를 걷어차는 광경 앞에서도 불편함을 느끼고, 외로운 노인들은 애들 장난감 같은 원시적 휴머노이드에게도 감정을 이입한다. 누구도 미래의 휴머노이드 동료를 마음대로 처분할 수 있는 물건으로 취급하기 어려울 것이다. 인간을 닮은 기계는 당당히 인간 대접을 요구할 테고, 그 요구에 부응하는 과정에서 오히려 우리가 받는 인간 대접이 왜곡될 위험이 높다.

그러므로 챗지피티와 휴머노이드의 발전을 가로막아야 할까? 어쩌면 미래에는 이 질문이 절박해질지 모르겠지만, 적어도 현재로서는 기술의 발전을 허용하고 오히려 촉진해도 문제 될 것 없어 보인다. 뒤뚱거리다 넘어지기 일쑤인 로봇 축구 선수들을 생각해보라. 로봇이 인간 스포츠 선수처럼 몸을 놀릴 날은 아직 상당히 멀어 보인다. 노버트 위너의 선견지명대로 지금, 그리고 미래에도 우리가 경계해야 할 것은 인간이 기계로 격하되는 일이다.

안타깝게도 인간의 기계화는 현실의 일부 국면에서 이미 벌어지고 있는 일이며 인간을 닮은 기계들에 의해 더욱 부추겨질 것으로 보인다. 인간-AI 협업은 우리를 아주 편하게 해주면서 딱 그만큼 짙은 그늘을 인간관계 위에 드리울 것이다. 우리가 환히 깨어 우리 자신을 포함한 세계를 깊이 성찰하고 신중히 행동하지 못한다면, 우리가 저마다 그 자체로 목적인 개인들로서 맺는 관계 위에 드리우는 이 어둠은 인간을 닮은 기계들이 발전할수록 점점 더 깊어갈 것이다.

기계가 그리는
인간의 자화상
인간과 기술의 상호작용

　최근 들어 로봇 기술과 AI가 발전하면서 기계와 인간의 상호작용이나 융합에 관한 논의가 더 활발해졌다. 뇌에 이식한 전극으로 뉴런들의 전기활동을 포착하여 외부의 기계 팔로 전송함으로써 마비 환자가 생각만으로 기계 팔을 조종할 수 있게 만든 성과는 마치 전설 속의 마법처럼 우리를 감탄시킨다. 우리가 우리의 팔다리를 부리듯이 마비 환자가 침상에 누운 채로 기계 팔을 부리는 모습은 자연스럽게 인간과 기계의 융합을 떠올리게 한다. 카메라와 시신경을 직접 연결하여 망막 손상 환자의 시력을 어느 정도 되살리는 것도 가능해졌다. 이제 기계와 인간은 공존을 넘어 통일로 나아가는 듯하다.

새로운 가능성은 희망에 못지않게 불안과 뜬소문도 일으킨다. 거대 정보기술 기업들이 모여 있는 미국 캘리포니아에서는 우리가 디지털 기술의 힘으로 불멸에 도달할 수 있다는 상당히 허황한 이야기까지 나온다. 우리 자신을 온전히 디지털 정보로 변환하여 고성능 컴퓨터에 업로드하면, 그 컴퓨터에서 작동하는 시뮬레이션 속의 캐릭터로서 죽지 않고 영원히 살 수 있다는 것이다. 그런 시뮬레이션 속의 삶을 삶이라고 부를 수 있을지, 단지 '가상 존재'라고 제한해서 지칭해야 할지, 그런 가상 존재로서의 불멸은 마치 이승과 저승 사이를 떠도는 원귀寃鬼처럼 섬뜩한 상태가 아닐지, 온갖 의문이 떠오르지만, 이런 개별사례에 시선을 고정하지 말고 기계와 인간의 상호작용 혹은 융합이라는 일반적 주제에 관심을 집중하기로 하자.

사실 인간과 기계의 상호작용, 더 일반적으로 인간과 기술의 상호작용은 전혀 새롭지 않다. 인류의 조상 중 하나인 '호모 하빌리스'의 이름이 말해주듯이, 인간은 원래부터 수준 높은 도구를 만드는 동물, 기술을 개발하는 동물이었다. 우리는 기술을 개발하고 거기에 의존하여 살아간다. 100만

년 전이나 지금이나 그리 다르지 않다. 까마득한 과거에 인간이 불을 피우고 보존하는 기술, 짐승의 털가죽 등을 가공하여 옷을 만드는 기술, 맹수에 대항하고 겨울을 대비하기 위해 무기와 은신처를 만드는 기술을 개발하지 못했다면, 인간은 멸종했거나 적어도 우리와 같은 현대인은 진화하지 못했을 것이다. 이런 관점에서 보면 인간과 기술의 상호작용과 융합은 아주 오래된 기정사실이다.

물론 과거에는 인간과 기술의 공존과 상호작용은 있었을지언정 융합은 없었다고 반론할 분도 있을 성싶다. 우리의 조상이 이를테면 정교한 수술로 왼손 손목을 절단하고 그 자리에 날카로운 돌창을 장착하여 전투력을 향상한 사례는 없지 않은가? 야간 사냥 때마다 GPS 수신기와 적외선 감지 고글을 착용하여 완벽하게 길을 찾고 사냥감을 추적한 사례는 없지 않은가? 이런 물리적 융합의 사례에 대해서도 어느 정도 재반론이 가능할 듯하다. 예컨대 원시 부족이 집단적 정체성을 확고히 하는 것을 비롯한 여러 목적으로 몸 곳곳에 문신을 새긴 것은 엄연히 인간과 기술의 물리적 융합이 아닐까?

그러나 훨씬 더 흥미로운 것은 정신적 차원에서의 융합

이며, 그것이 이 글의 중심 주제다. 간단히 말하면, 우리가 개발한 기술은 우리의 '자화상'에 스며드는 방식으로 우리와 정신적으로 융합한다. 자화상이란 무엇일까? 인간은 고도의 기술을 개발한다는 점에서 독특한 동물일 뿐 아니라 '나는 누구인가?'라는 질문을 암묵적으로나 명시적으로 항상 제기하고 대답한다는 점에서 참으로 특이한 동물이다. 자화상이란 바로 이 질문의 답이다.

인간은 늘 자화상을 품고 살며, 그 자화상은 인간의 삶에 지대한 영향을 미친다. 어떤 의미에서 우리에게는 인간이 그 자체로 무엇인가보다 우리 자신이 인간을 무엇으로 여기는가가 더 중요하다. 물론 자화상이 전능하다는 뜻은 전혀 아니다. 우리가 우리 자신을 슈퍼맨으로 확신하더라도, 우리가 영화 속 슈퍼맨의 능력을 얻게 되지는 않는다. 그러나 자화상의 힘이 대단하다는 것도 엄연한 사실이다. 안데르센의 고전적인 동화 「미운 오리 새끼」를 생각해보라. 그 동화의 주인공은 스스로 품은 자화상의 힘에 짓눌려 오랫동안 미운 오리 새끼로 불행하게 살았다. 실은 백조 새끼였는데도 말이다.

그러므로 자화상은 인간의 삶을 이해하려 할 때 필수적

으로 고려할 요소이며, 한 시대에 진행되는 자화상의 일반적 변화는 예민하게 감시하고 검토해야 할 철학적 주제다. 우리의 자화상은 늘 변화한다. 인류 역사의 상당 부분은 자화상 변화의 역사라고 해도 과언이 아니다. 그리고 기술의 발전은 우리의 자화상에 심대한 영향을 미친다. 지금도 그렇지만, 과거에도 늘 그러했다.

'우리는 누구인가?'라는 질문의 중요한 부분인 '기억이란 무엇인가?'를 예로 들 수 있다. 이 질문에 대한 답은 당대의 기술에 좌우되어왔다. 이미 고대에 아리스토텔레스는 기술적 장치에 빗대어 기억을 설명했다. 인장 반지를 밀랍판에 찍으면 자국이 생겨 보존되는 것과 똑같은 원리로 기억이 형성되고 저장된다는 것이었다.

후대에 거대한 궁전과 도서관이 건축되자, 사람들은 기억을 그런 건물에 빗댔다. 기억 내용이 거대한 도서관 안에 보관되어 있다는 식으로 말이다. 카메라 기술이 발달하고 영화가 등장하자, 사람들은 기억이 영화 필름처럼 작동한다고 생각했다. 영화에서처럼 현실에서도 서부의 영웅이 죽음을 맞을 때 그의 삶 전체의 기억이 되살아나 그의 정신적인 눈앞에서 마치 빠른 화면처럼 흘러간다고 믿었다.

이 영화 모형을 마지막으로 20세기가 저물고 디지털 혁명이 일어나면서 이제 우리가 기억을 이해하려 할 때 의지하는 기술적 대상은 단연 인터넷이다. 우리는 인터넷이 정보를 입력받고 저장하고 가공하고 출력하는 방식에 빗대어 기억을 이해한다. 이 이해가 진실에 더 가깝다는 것이 오늘날 신경과학의 판단이지만, 이 이해가 옳으냐 그르냐를 떠나서 철학적으로 흥미로운 것은 우리가 여전히 기술에 의지하여 기억을 이해한다는 점, 그렇게 기술이 우리의 자화상에 스며든다는 점이다.

당대의 첨단 기술의 영향으로 우리의 자화상이 왜곡된 흥미로운 사례가 있다. 우리가 꾸는 꿈에 관한 것인데, 알다시피 꿈은 우리의 자화상에서 기억에 못지않게 중요한 요소다. 1999년의 조사에서 때때로 천연색 꿈을 꾼다고 밝힌 미국인은 83퍼센트에 달했다. 반면에 1940년대와 1950년대의 여러 조사에서는 겨우 10퍼센트만 천연색 꿈을 꾸어봤다고 답했다. 대체 왜 이런 조사 결과가 나왔던 것일까? 오늘날 연구에서도 꿈꾸는 사람을 깨워서 곧바로 물으면, 일반적으로 천연색 꿈을 꾸었다는 보고가 돌아온다. 그도 그럴 것이, 꿈을 꿀 때 활성화되는 시각 영역 중에서 유독 색깔 담당 영역만 원리적으로 배제될 이유가 없다. 꿈꾸는 의식의 지각은 때때로 깨어 있는 의식의 지각을 능가할 정도로 총체적이고 생생하다. 이것은 누구나 직접 경험으로 아는 바가 아닌가.

『어젯밤 꿈이 나에게 말해주는 것들$_{Träume}$』을 쓴 슈테판 클라인$_{Stefan\ Klein}$은 20세기 중반의 흑백 꿈을 역사적 특이 현상으로 평가한다. 그 현상의 원인은 당대의 첨단 기술인 흑백 영화와 흑백 텔레비전이다. 흑백 동영상을 시청한 경험이 꿈에 대한 기억을 왜곡하여 꿈은 흑백이라는 그릇된 통념을 만들어낸 것이다. 그 시절의 선도적인 꿈 연구자 캘빈 홀$_{Calvin\ S.\ Hall}$마저도 천연색 꿈은 이례적이라는 견해를 밝혔다. 여기에서도 주목할 것은 우리의 기술과 자화상의 자연스러운 융합, 그리고 그 융합에 따른 자화상 왜곡의 위험성이다.

오늘날 하루가 다르게 일상 속으로 파고드는 정보통신 기술, 컴퓨터 기술, 로봇 기술, 인공지능 앞에서 우리가 때때로 급류에 휩쓸려가는 듯한 당혹감과 무력감을 느낀다면, 그 느낌의 바탕에는 속절없이 흔들리는 우리의 자화상이 있다고 나는 느낀다. '우리는 누구인가?'는 인간이 늘 품어온 질문이지만, 지금은 기술의 홍수가 이 질문을 훨씬 더 절실하게 만들었고, 항간에 떠도는 온갖 급진적 대답들이 우리의 당혹감과 무력감을 더 부추기는 듯하다. 우리의 자화상이 왜곡될 위험성, 우리의 가치를 낮추는 이데올로기가 판칠 위험성이 과거 어느 때보다 더 높다.

그렇다면 어떻게 대처해야 할 것인가? 나의 제안은 이것이다. '우리는 누구인가?'라는 질문에 대하여 제시되는 모든 대답을 일단 자화상을 변경하자는 제안으로 간주하자. 그 제안이 합당한지 따져보고 수용 여부를 결정하는 것은 우리 각자의 몫이다. 과학의 권위와 첨단 기술의 위력을 등에 업은 대답도 마찬가지다. 그것은 하나의 제안일 뿐이며, 우리 각자의 자화상에 대해서는 그 어떤 제안도—심지어 신의 제안이라 하더라도—절대적 구속력을 가질 수 없다.

인간과 기계의 융합은 양쪽이 함께 우수해지는 상향평준화를 가져올 낙관적 가능성에 못지않게 양쪽이 함께 초라해지는 하향평준화를 가져올 비관적 가능성도 품고 있다. 특히 하향평준화가 일어난다면, 우리의 섣부른 자화상 변경이 그 하향평준화를 급격히 가속할 위험이 있다. 우리의 자화상을 보살펴야 한다. 기계가 인간처럼 되는 것이 아니라 인간이 기계처럼 되는 것을 경계하자. 인간은 기계를 닮는 것도 너끈히 해낼 역량 혹은 위험성을 품은 묘한 동물이다.

뇌와 기계의 연결

뇌 활동 기록 방법들과 일론 머스크의 뉴럴레이스

 뇌를 연구하려면 당연히 뇌의 활동을 측정하고 기록하는 기술이 필요하다. 뇌의 활동이란 궁극적으로 뉴런들의 신호 전달이므로, 우리에게 필요한 것은 뉴런들이 주고받는 신호를 기록하는 방법인데, 크게 세 가지 방법이 있다.

 그 방법들을 살펴보기에 앞서, 뉴런들의 신호 전달이 '전기화학적'이라는 사실을 짚어두자. 즉, 뉴런 활동은 전기적 메커니즘과 화학적 메커니즘을 통해 이루어진다. 간단히 설명하면, 한 뉴런의 신호 수신부인 가지돌기에서 중심인 본체를 거쳐 송신부인 축삭돌기 말단까지의 신호 전달은 전기적 메커니즘을 통해 이루어진다. 그 신호는 전압 펄스다. 마치 전류가 전선을 따라 이동하듯이, 전압 펄스가 수신부에서부터 송신부까지 이동한다.

반면에 신호가 한 뉴런과 다음 뉴런 사이의 틈새('시냅스 틈')를 건너는 방식은 화학적이다. 전압 펄스가 한 뉴런의 송신부에 도달하면, 거기(축삭돌기 말단)에서 화학물질(신경전달물질)이 방출되어 시냅스 틈 건너로 확산하고, 다음 시냅스의 수신부에 있는 수용체들이 그 화학물질과 결합하여 결국 그 뉴런에서 새로운 전압 펄스가 발생한다. 그렇게 한 뉴런의 전기 신호가 화학물질의 매개로 다른 뉴런에 전달된다.

이 복잡한 화학적 메커니즘은 세포생물학, 분자생물학, 분자유전학 등이 중요하게 다루는 주제다. 약학도 이 메커니즘을 주목한다. 예컨대 대표적인 항우울제 유형인 '선택적 세로토닌 재흡수 억제제(SSRI)'는 시냅스 틈으로 방출된 신경전달물질 세로토닌이 다시 뉴런 내부로 흡수되는 것을 막음으로써 약효를 낸다. 더 많은 세로토닌이 시냅스 틈에 머물게 함으로써 뉴런 간 신호 전달을 촉진하는 것이다.

하지만 신경과학자가 뉴런 활동을 기록하려 할 때 주목

하는 것은 앞서 말한 전기 신호, 곧 한 뉴런에서 발생하여 다음 뉴런으로 전달되는 전압 펄스다. 왜냐하면 이 전기 신호는 살아 있는 동물에서 비교적 쉽게 측정하고 기록할 수 있기 때문이다. 방법은 크게 세 가지, 뇌파 측정(EEG), 기능성 자기공명영상(fMRI) 촬영, 단일 단위 기록법 single-unit recording이다.

가장 먼저 1920년대에 개발된 뇌파 측정법은 무수한 뉴런 신호가 뭉뚱그려져 발생하는 미세한 전압의 요동을 두피에 설치한 전극들로 포착하는 기술이다. 외과수술 없이 피측정자의 머리에 전극들이 설치된 모자를 씌우는 것만으로 측정 준비가 완료되기 때문에, 이 기술은 다양한 과제를 수행하는 건강한 인간에게 적용하기 쉽다는 장점이 있다.

반면에 단점은 측정된 전압 요동에서 국소적 뉴런 집단들의 활동이나 심지어 개별 뉴런들의 활동을 읽어내기가 사실상 불가능하다는 것이다. 그래서 어떤 이들은 뇌파 측정을 통해 뉴런 활동을 이해하려 하는 것은 야구장 바깥에서 관중의 함성을 듣고 야구의 규칙을 알아내려 하는 것과 같다고 정당하게 비유한다.

하지만 뇌파 측정은 여전히 유용하다. 특히 수면 연구와 수면장애 치료에서 뇌파 측정은 요긴한 수단이다. 건강한 사람이나 수면장애 환자가 소음 많고 비좁은 fMRI 스캐너 속에서 잠드는 것은 기대하기 어렵지만, 뇌파 측정용 모자를 쓰고 침대에 누워 자는 것은 충분히 가능하기 때문이다. 수면의 여러 단계에서 알파파, 델타파 등이 어떻게 변화하는지 등에 관한 지식은 뇌파 측정법 덕분에 획득되었다.

둘째, fMRI 촬영법은 1990년대에 개발되어 생생한 영상들로 대중의 관심을 사로잡아왔다. 이 기술은 뇌의 다양한 부위로 가는 혈류의 변화를 포착하여 뉴런 활동을 파악한다. 가장 기초적인 fMRI는 활발히 활동하는 뉴런 집단으로 산소가 풍부한 혈액이 공급되는 것을 이용한다. 따라서 이 기술은 국소적 뉴런 집단의 활동을 알려준다는 장점이 있다. 또한 피촬영자가 fMRI 스캐너 속에 누워 있기만 하면 촬영이 이루어지므로 별다른 위험이나 부담이 없다는 것도 장점이다. 그러나 그렇게 비좁고 소음이 심한 스캐너 속에 누운 자세로 수행할 수 있는 과제는 별로 없기 때문에, 피촬영자가 그밖에 다양한 과제(이를테면 피아노 연주)를 수행할 때 뇌가 어떻게 활동하는지 알아내는 데는 딱히 도움이 되지 않는다. 이는 뇌파 측정법과 달리 fMRI 촬영법이 지닌 단점이다. 또한 뇌파 측정과 마찬가지로 fMRI도 수많은 뉴런을 뭉뚱그려 나타낸다는 근본적 한계가 있다. fMRI 속 픽셀 하나는 뉴런 하나를 나타낼까? 인간 뇌의 뉴런이 860억 개, 대뇌 겉질에만 170억 개가 있다는 점을 감안하면, 그럴 리 없음을 능히 짐작할 수 있다. fMRI 영상 속 픽셀 하나는 뉴런 10만 개를 대표한다. 따라서 그 영상을 보고 뇌의 세부적인 활동을 파악하려 하는 것 역시 관중의 함성을 듣고 축구 경기의 상세한 상황을 알아내려 하는 것과 유사하다.

요컨대 더 발전된 연구와 의료를 위해서는 무수한 뉴런의 평균적인 활동이 아니라 개별 뉴런의 활동을 측정하는 정밀한 기술이 필요한데, 그것이 셋째 방법인 단일 단위 기록법이다. 간단히 말하면 이 기술은 뇌에 전극을 꽂고 전선으로 외부 장치와 연결하는 것이다. 그러면 전극 근처 뉴런들의 활동이 전기 신호로서 외부 장치에 기록된다. 이 단일 단위 기록법은 소수의 개별 뉴런들의 활동을 기록할 수 있으며, 전극을 개량함으로써 더 많은 개별 뉴런들의 활동을 동시에 기록할 수도 있다. 따라서 뇌파 측정이나 fMRI에서처럼 무수한 신호가 뭉뚱그려지는 문제는 발생하지 않는다. 그러나 전통적인 단일 단위 기록법을 적용하려면 두개골을 뚫고 뇌의 겉질이나 심부에 전극을 꽂는 외과수술이 필수적이다. 따라서 실험동물에게는 이 기술이 꽤 오래전부터 적용되어왔지만, 인간에게 단일 단위 기록법이 허용되는 경우는 극히 드물다. 특히 건강한 인간에게 이 기술이 적용될 가능성은 희박하다. 누가 뇌에 뾰족한 전극을 꽂고 그것을 두개골 바깥의 장치와 전선으로 연결하는 수술을 받은 채로 살아가고 싶겠는가?

하지만 의료 목적으로 뇌에 전극을 이식하는 수술은 이미 적잖게 이루어진다. 예컨대 파킨슨병에 걸려 심각한 운동장애를 겪는 환자는 이른바 '뇌심부자극술'을 받을 수 있다. 이 수술에서는 겉질 아래 뇌 중심부의 시상하핵 등에 전극을 꽂고 쇄골 밑에 펄스 생산기를 이식하고 이 둘을 피부 밑으로 늘인 전선으로 연결한다. 배터리로 작동하는 펄스 생산기는 전극을 통해 시상하핵 등에 적절한 전기 자극을 가함으로써 운동장애를 완화한다. 그러니까 이 경우에 전극은 기본적으로 측정 및 기록용이 아니라 자극용이다. 하지만 이 전극으로 뉴런들의 활동을 기록하는 것도 당연히 가능하다. 즉, 전극을 통한 송신과 수신이 모두 가능하다. 일반적으로 뇌에 이식한 전극은 원리적으로 뇌와 외부 장치를 연결하는 인터페이스의 기능을 할 수 있다.

현재 단일 단위 기록법을 개량하려는 연구자들의 주요 목표 하나는 최대한 많은 개별 뉴런을 동시에 기록할 수 있는 역량을 확보하는 것이다. 한 예로 2017년에 개발된 '뉴로픽셀스 탐침Neuropixels probe'은 뉴런 수백 개를 동시에 기록할 수 있는, 실리콘 실 형태의 전극이다. 이 전극을 여러 개 꽂는다면, 뇌의 여러 구역에 분포한 뉴런들을 1000개 가까이 동시에 기록할 수 있을 것이다.

그런데 왜 다수의 개별 뉴런을 동시에 기록할 필요가 있을까? 왜냐하면 뉴런 활동의 의미가 단일 뉴런 수준에서는 드러나지 않고 단일 뉴런들의 네트워크 수준에서 드러나기 때문이다. 이를테면 당신이 손을 뻗어 쿠키를 집으려 한다는 것을 당신의 대뇌 겉질에 있는 특정 뉴런 하나의 활동에서 알아챌 길은 없지만 많은 뉴런의 활동 패턴에서는 알아챌 길이 열린다. 따라서 더 많은 개별 뉴런의 활동을 동시에 기록하는 전극의 개발은 뇌 활동을 더 정확히 해독할 길을 여는 것과 같다.

첨단 기술 기업가로 명성이 높은 일론 머스크Elon Musk는

2016년에 '뉴럴링크Neuralink'라는 회사를 설립하고 이른바 '뉴럴레이스neural lace'를 개발하겠다고 공언했다. 그가 "겉질 위의 디지털 층"이라는 거창한 표현으로 설명한 이 장치는 기본적으로 전극의 일종이다. 뉴로픽셀스 탐침에서 한 걸음 더 나아간 뉴럴레이스는 아주 가늘고 유연한 실로 짠 그물이며 전극 망이다. 이 장치는 전극 여러 개를 모아놓은 것과 같기 때문에 동시에 기록할 수 있는 뉴런의 개수가 기존 전극들보다 훨씬 더 많을 것이 틀림없다. 이것이 신경과학 연구자들이 기대하는 뉴럴레이스의 장점이다.

그런데 뉴럴레이스에 열광하는 일부 사람들은 이 전극 망이 뇌와 외부 장치(컴퓨터, 로봇팔 등)를 연결하는 인터페이스라는 점을 강조하면서 궁극적으로 뉴럴레이스는 뇌와 컴퓨터의 융합을 이뤄낼 것이라고, 그러면 뇌의 정보를 컴퓨터에 저장하고 컴퓨터의 정보와 능력을 뇌에 전달하는 시대가 열릴 것이라고 선전한다. 앞서 말했듯이 뇌에 이식한 모든 전극은 신호를 수신할 수도 있고 송신할 수도 있다는 점에서 뇌와 외부 장치를 연결하는 인터페이스의 구실을 할 수 있다. 따라서 원리적인 수준에서 보면, '뇌 기계 인터페이스brain-machine interface(BMI)'는 그리 새로운 성취가 아니다. 전신마비 환자의 뇌에 꽂은 전극과 로봇팔을 전선으로 연결하여 환자가 로봇팔을 조종할 수 있게 만든 성과들을 우리는 벌써 목격했다.

이를 모를 리 없는 머스크는 뉴럴레이스의 혁신적 면모들을 추가로 강조하는데, 크게 세 가지 면모가 주목된다. 첫째, 뇌에 이식하는 전극 망인 뉴럴레이스는 외과수술이 아니라 주사기를 통해 뇌에 주입될 것이라고 한다. 그 그물을 돌돌 말아 주사기에 넣고 주입한다는 것이다. 둘째, 그렇게 주입된 뉴럴레이스는 계획된 자리에서 펼쳐져 작동하면서 무선으로 외부 장치와 연결될 것이다. 셋째, 뉴럴레이스는 오랫동안 면역반응을 일으키지 않고 뇌 속에 머무를 수 있을 것이다.

실제로 이 혁신들이 실현된다면 정말 대단한 성과라고 해야 마땅할 것이다. 그러나 열거한 세 가지 면모가 실은 세 가지 난관이라는 점이 문제다. 머스크는 뉴럴레이스를 주사기에 담아 혈관에 주입하면 그 그물이 혈류를 타고 이동하여 겉질 위에 자리 잡을 것이라고 하는데, 많은 전문가가 이 계획에 의문을 제기한다. 뉴럴레이스와 외부 장치의 무선 연결은 비교적 작은 걸림돌인 듯하지만, 여기에서도 세부적으로 극복해야 할 문제가 많아 보인다. 마지막으로 면역반응 문제는 모든 이식 장치가 봉착하는 난관이다. 뇌와 컴퓨터의 본격적인 융합을 이뤄낼 인터페이스 장치가 면역반응 없이 뇌 속에 오래 머물 수 있을까? 아무래도 일론 머스크는 책임감 있는 과학기술자라기보다 기세 좋은 사업가로 보인다.

뉴럴레이스는 다수의 뉴런들로 이루어진 네트워크의 활동을 기록하거나 자극하는 장치로서 시스템 신경과학systems neuroscience과 의학에 크게 기여할 잠재력이 있다. 그러나 이 전극 장치가 건강한 사람들의 뇌에 이식되어 뇌와 컴퓨터의 융합을 이뤄낼 것이라는 이야기는 과학 허구에 가깝게 느껴진다.

5장 과학보다 더 깊은 철학

성급히 가설을 바꾸지 말라

시드니 브레너와 "오컴의 빗자루"

"오컴의 면도날"은 많이들 아는 반면, "오컴의 빗자루 Occam's broom"는 그리 잘 알려지지 않은 듯하다. 두 표현 다 14세기 영국 철학자 윌리엄 오컴 William of Ockham의 이름을 차용했지만, 실제로 그 철학자가 옹호한 연구 방법론을 가리키는 "오컴의 면도날"과 달리, "오컴의 빗자루"는 훨씬 더 나중인 2002년에 노벨생리의학상을 받은 분자생물학자 시드니 브레너 Sydney Brenner(1927~2019)가 패러디를 가미하여 고안한 최신 표현이다.

오컴의 면도날은 이론과 가설에 적대적이다. 윌리엄 오컴은 우리가 실증적이고 엄밀한 지식에 도달하려면 장황한 이론에서 불필요한 부분들을 면도날로 도려내야 한다고 믿었다. 이론적 설명은 간단할수록 더 좋다. 모름지기 학자라면 수시로 오컴의 면도날을 휘둘러 자신과 동료들이 공허한 이론에 빠져드는 것을 막아야 한다.

여담이지만, 윌리엄 오컴은 영화화된 소설 『장미의 이름』에서 불가사의한 사망 사건의 원인을 밝혀내는 주인공 '윌리엄'의 모델이기도 하다. 그 윌리엄은 스코틀랜드와 잉글랜드의 오랜 전통에 걸맞게 반反토마스주의자다.

중세 최고의 철학자 토마스 아퀴나스를 따르는 토마스주의자들은 일반자(일반적 규칙성)를 아는 것이 참된 앎이라고 여긴다. 소설 속 윌리엄은 정반대다. 그에게 참된 앎이란 개별자(예컨대 지금 여기에 놓인 이 사과 한 알)를 어떤 일반적 틀에도 가두지 않고 오로지 그 개별자로서 아는 것, 단 한 번뿐인 사건, 전무후무한 개별 사건을 아는 것이다.

훗날 흄의 철학으로 이어지는, 이 같은 개별자에 대한 사랑은 확실히 설득력이 있다. 그 설득력은 오컴의 면도날이 지닌 매력과 직결된다. 공허한 이론의 틀 안에 갇힌 탓에 명백한 사실을 외면하거나 제대로 보지 못하는 사람은 얼마나 가련한가. 그런 사람 앞에서 한없는 답답함과 절망을 느껴본 경험이 다들 있을 것이다. 마치 눈가리개처럼 우리의 정신적 시각을 무력화하는 이론이 있다면, 그 이론은 단칼에 베어야 마땅하다. 심지어 토마스 아퀴나스도 이 말에 동의할 것이다.

반면에 "오컴의 빗자루" 원리는 이론과 가설에 우호적이다. 이론과 가설을 최대한 보호하자는 것이 언뜻 장난처럼 들리는 이 원리의 핵심 취지다. 학자는 나름의 이론과 가설을 품고 세상을 관찰하기 마련이다. 그런데 가설에 맞지 않는 개별 사실을 발견할 경우, 학자는 어떻게 처신해야 할까? 브레너의 조언은 "가설을 괴롭히지 말라"는 것, 바꿔 말해 성급하게 가설을 바꾸지 말고 문제가 되는 개별 사실을 장판 밑으로 쓸어 넣으라는 것이다.

쉽게 말해서, 이론에 맞지 않는 데이터는 일단 무시하라는 것이 "오컴의 빗자루"라는 표현에 담긴 브레너의 조언이다. 모름지기 과학자가 이래도 되냐고 묻고 싶은 분이 많을 성싶다. 실제로 인터넷을 검색해보면, 한국어 웹은 말할 것도 없고 영어 웹에서도 오컴의 빗자루에 대한 언급은 거의 비판 일색이다. 그러나 실제로 자연과학에 종사하는 분들은 오컴의 빗자루가 부당한 원리가 아니라는 점, 현장에서 늘 채택되는 원리라는 점, 오컴의 면도날에 못지않게 과학의 발전에 기여하는 원리라는 점을 잘 알 것이다.

만약에 과학자가 이론과 어긋나는 개별 사실을 관찰할 때마다 이론을 칼질하거나 버려야 한다면, 세상에 남아날 이론은 없다고 해도 과언이 아니다. 실제로 실험실에서 이론의 예측에 반하는 데이터가 나왔을 경우, 연구자들의 흔한 대응은 이를테면 실험 장치를 재정비하거나 새것으로 바꾸는 것이지 이론을 심각하게 의심하거나 심지어 폐기하는 것이 아니다. 오컴의 빗자루는 세상의 모든 실험실에서 항상 쓰이는 필수 도구다.

이론을 세계관으로, 데이터를 개별 체험으로 대체하면, 일반인도 쉽게 사정을 이해할 수 있을 것이다. 한 번의 특이한 체험 때문에 평생 품어온 세계관을 바꾸는 사람이 있을까? 만약에 있다면, 그 사람은 감당할 수 없는 혼란 속에서 끝없이 헤맬 수밖에 없을 것이다. 안정적인 세계관, 최소한 당분간 안정적인 세계관은 우리의 삶에 필수적이다. 마찬가지로 최소한 당분간 안정적인 이론은 과학 연구에 필수적이다. 따라서 오컴의 빗자루는 과학 연구의 원리로서 오컴의 면도날에 못지않게 필수적이다.

필요하며, 그 작업을 위한 도구가 바로 오컴의 빗자루다.

윌리엄은 사건 관련자들의 진술을 들으며 그들을 유심히 살펴볼 때, 예컨대 그들의 키, 체중, 사투리, 머리카락 색깔, 눈동자 색깔을 제쳐놓고 미세한 고갯짓, 딸꾹질, 손놀림, 표정 등에 주의를 기울였을 것이다. 그렇다면 그는 오컴의 빗자루를 사용한 것이다. 무의미한 데이터를 그 빗자루로 쓸어낸 것이다. 그렇게 오컴의 빗자루로 잡음을 쓸어냄으로써 유의미한 개별 신호들을 또렷이 포착하지 않았다면, 그 복잡하고 불가사의한 사망 사건의 원인을 밝혀내는 것은 절대로 불가능했을 터이다.

합리성을 넘어서

물은 H_2O일까

역사는 대개 성공한 사람들에 의해 기록된다. 그래서 우리가 손쉽게 접하는 역사 이야기는 실제로 있었던 일보다 훨씬 더 짜임새 있을 때가 많다. 누구나 자신의 선택과 결정을 합리화하기 마련이라는 점은 굳이 프로이트를 들먹이지 않더라도 전적으로 수긍할 만하다. 성공하여 역사를 기록할 기회를 얻은 자들이라고 어찌 예외이겠는가. 더구나 결국 성공에 이른 그들의 선택에서 합리성을 보려는 욕구는 그들 자신에게만 국한되지 않는다. 합리적 선택과 그에 따른 성공! 이것은 얕은 수준에서 과거를 돌이켜보며 역사를 논하려 할 때, 사람들이 자연스럽게 채택하는 전제가 아닐까 싶다.

역사를 합리적 선택에 따른 성공의 연쇄로서 서술하는 경향은 어쩌면 대중적인 과학사에서 가장 뚜렷한 듯하다. 그도 그럴 것이, 대중의 이미지 속에서 과학은 그야말로 합리성의 화신이 아닌가! 그런 과학의 역사적 행보는 당연히 자로 잰 듯 질서정연하고 합리적이어야 마땅할 것이다. '지금 우리가 보유한 과학 지식은 합리적 선택과 성공의 행진인 과학사가 맺은 최종 결실이므로 더없이 탄탄한 합리성을 갖추고 있다'라고 많은 이는 단언하고 싶어 한다.

그러므로 토머스 쿤이 1962년에 출판한 『과학혁명의 구조*The Structure of Scientific Revolutions*』가 큰 논란을 일으킨 것은 지극히 당연하다. 과학사와 과학철학을 다룬 그 획기적인 작품은 과학 연구에서 이른바 "패러다임paradigm"의 선택이 완전히 합리적으로 이루어지는 것은 결코 아님을 지적한다. 패러다임이란 연구자들이 공유한 가장 근본적인 전제들의 시스템을 뜻한다.

한 시기에 특정 분야에 속한 연구자들은 암묵적으로나 명시적으로 패러다임을 공유한다. 그렇기 때문에 서로 협력하고 경쟁하고 평가하며 과학 지식을 쌓아갈 수 있다. 그러나 정치의 역사에서 혁명이 도래하듯이, 과학사에서도 패러다임이 바뀌는 극적인 시기가 찾아온다. 이를테면 고대 이래로 유지되어온 지구 중심 우주관이 코페르니쿠스의 태양 중심 우주관으로 바뀐 것이 그런 패러다임 교체다.

과학사가 안정된 패러다임 아래에서 개별 지식을 축적하는 "정상과학"의 기간과 패러다임이 교체되는 "혁명과학"의 기간을 교대로 겪으며 드라마틱하게 전개된다는 쿤의 새로운 견해는 1960년대 유럽과 미국의 자유분방한 청년문화와 어울리는 구석이 있다. 프랑스에서 등장한 "상상력에게 권력을!"이라는 구호를 생각해보라. 메마른 합리성의 바깥을, 다양한 형태의 비합리성을 편드는 것은 그 시절의 거대한 흐름이었으며, 실제 과학의 역사가 상당한 정도로 비합리적이라는 쿤의 이야기는 어쩌면 그 흐름에 올라탄 덕분에 주목받았는지도 모른다.

실제로 쿤의 이론은 전문가들만의 영역이었던 과학사가 대중의 관심사로 발전하는 데 결정적으로 기여했다. 오늘날 패러다임, 정상과학, 과학혁명은 어느 정도 교양을 갖춘 사람들에게 익숙한 개념들이다. 하지만 일부 전문가들은 이 같은 과학사의 대중화를 쿤이 끼친 커다란 악영향으로 규정하며 비판한다. 일리 있는 평가다.

쿤의 영향으로 오늘날의 교양 대중 일부가 패러다임, 정상과학, 비합리성 따위를 들먹이면서 과학사를 완전히 이해한 것처럼 으스댄다면, 과학사를 온통 합리성으로 도배하는 편향과 마찬가지로 그런 태도 역시 심각한 편향이다. 실제로 일어난 일과 그 일에 충실한 역사는 무한히 복잡하고 미묘해서 어느 방향으로의 단순화나 요약도 허용하지 않는다는 점을 명심할 필요가 있다.

얕은 수준의 교양을 벗어나서 다시 살펴보면, 과학사의 비합리성을 주목한 토머스 쿤과 파울 파이어아벤트 등의 학문적 설득력은 창백한 일반 개념들이나 한 시대의 자유분방한 분위기에서 나오는 것이 아니라 치밀하고 생생한 사례 연구에서 나온다. 대중은 "방법에 반대함Against Method"이나 "무엇이든지 좋다Anything goes" 같은 파이어아벤트의 도발적인 문구에 사로잡히곤 하지만, 학자로서 그의 역량은 실제 과학사에 대한 방대한 지식과 치밀한 분석에서 드러난다. 그는 일부 과학철학자들이 내세우는 유일무이한 과학의 통일적인 방법을 확실히 혐오하지만, 아무 방법 없이 허우적거리는 히피는 절대로 아니다.

결론적으로 무릇 역사학에서 그렇듯이 과학사학에서도 관건은 구체적인 사례 연구에 기초한 설득력이다. 지구 중심 우주관에서 태양 중심 우주관으로의 이행은 어떤 의미에서 합리적이고 어떤 의미에서 비합리적이었을까? 만약에 16세기 중반 유럽 사회, 문화, 정치의 전반적 분위기가 실제와 상당히 달랐다면, 지구 중심 우주관이 더 오래 존속하고 태양 중심 우주관은 훨씬 더 나중에야 호응을 얻었을까? 선도적으로 태양 중심 우주관을 선택하여 핍박당한 인물로 유명한 갈릴레오는 과연 온전히 합리적인 이유에서 그런 선택을 했을까? 이런 질문들을 참신하게 제기하고 설득력 있게 대답할 수 있어야 한다.

쿤을 비롯해서 많은 과학사학자가 주목해온 연구 주제로 "화학혁명"을 꼽을 수 있다. 화학혁명이란 연소는 연료와 산소가 결합하는 반응임을 프랑스 화학자 앙투안 라부아지에가 밝혀낸 것에서 정점에 이른 근대 화학 지식의 혁신을 뜻하며, 이 혁명적 변화는 대략 17세기부터 18세기에 걸쳐 점진적으로 일어났다. 과거의 교양 과학사는 이 거대한 변화 전체를 라부아지에의 업적으로 기리곤 했지만, 그런 영웅주의적 역사 서술은 이제 과학사에서 찾아보기 어렵다. 화학혁명은 수많은 인물이 200여 년에 걸쳐 이뤄낸 변화이며, 그 변화의 세세한 단계들은 온전히 합리적이지도 않고 온전히 비합리적이지도 않다.

현재 화학혁명을 연구하는 주요 과학사학자들 중 하나는 케임브리지 대학교의 장하석 교수다. 그가 2012년에 출판한 저서 『물은 H_2O인가? *Is Water H_2O?*』는 그 제목만으로도 관심을 끌기에 충분하지만, 내용을 살펴보면 그 치밀함과 차분함에 감탄이 절로 나온다. 책의 부제에는 "다원주의"라는 단어가 등장한다. 장하석은 올곧은 다원주의자다. 그의 주장에 따르면, 조지프 프리스틀리의 플로지스톤주의 화학이 라부아지에의 산소주의 화학에 밀려 퇴출된 것은 합리적 이유만으로는 설명하기 어려운 일이었다. 만약에 그 두 시스템이 함께 존속했더라면 화학이 더 왕성하게 발전했을 것이라면서, 장하석은 현재의 과학에서도 그런 다원주의가 필요하다는 제안으로까지 나아간다. 거듭 강조하지만, 주장의 참신성, 과감성, 도발성보다 더 중요한 관건은 논증의 성실함과 치밀함인데, 장하석의 진짜 역량은 그런 논증에서 드러난다.

오랫동안 다원주의가 발붙이기조차 어려웠고 여전히 상

당한 정도로 눈총 받거나 외면당하는 우리 문화에서 장하석 같은 학자가 나왔다는 점은 참으로 기쁜 일이다. 어쩌면 다원주의에 대한 갈망이 그를 지금과 같은 학자로 키웠을 것이다.

과학적 성공에 대한
다른 시각

장하석의 능동적 실재주의

홍상수 감독의 2009년 작 영화 〈잘 알지도 못하면서〉는 제목에서부터 사람들의 관심을 끈다. 살면서 저 말을 해보지 않은 사람이 과연 있겠는가. 영화에서는 거의 막바지에 주인공인 영화감독이 늙은 화가의 아내가 된 과거의 여자 친구와 나누는 대화에서 "잘 알지도 못하면서"라는 대사가 살짝 스쳐 지나간다. 다른 많은 장면에서도 나왔을 법하지만 뚜렷이 기억나는 대목은 거기다.

늙은 화가의 불륜을 목격한 바 있는 영화감독이 옛 여자 친구를 향해 순수한 선의와 새롭게 차오르는 순정으로 연민의 뜻을 밝히자, 그녀는 자신의 삶에는 어떤 문제도 없음을 시원시원하게 밝히며 "잘 알지도 못하면서" 웬 걱정이냐는 투로 천진한 냉소를 보낸다.

홍상수의 영화가 늘 그렇듯이 이 작품도 딱 꼬집어 메시지를 지목할 수는 없지만 오랫동안 생각 속에 맴도는 매력이 있다. 우리는 누구나 타인의 내면과 삶을 '잘 알지도 못하면서' 넘겨짚는 경향이 있다. 그러면서 분노하기도 하고 연민하기도 하고 속이 터질 듯한 답답함을 느끼기도 한다. 누구에게나 친숙하지만 작심하고 숙고할 기회는 그리 많지 않은 현상이다. "잘 알지도 못하면서"라는 멋진 제목의 영화가 보여주려는 바는 필시 그런 평범한 인간관계인 듯하다.

약간 뜬금없게 느껴지더라도 화제를 과학철학으로 돌리자. 이미 20세기부터 이어지고 있는 과학적 실재론 논쟁이라는 것이 있다. '우리가 받아들이는 과학 이론이 정말로 실재(있는 그대로의 세계)와 들어맞는가?'라는 질문 앞에서 '그렇다'라고 대답하는 이들이 실재론자라면, 반대로 대답하는 이들이 반실재론자다. '실재와 들어맞는 앎을 가졌다'라는 말을 '잘 안다'라는 일상의 말로 바꾸면, 실재론자는 '과학은 잘 안다'라고 주장하는 사람, 반실재론자는 '과학은 잘 알지 못한다'라고 주장하는 사람이다.

과학은 정말로 잘 알까? 실은 '잘 알지도 못하면서' 이런 저런 얘기를 아주 그럴싸하게 늘어놓는 재주가 있을 뿐인 것은 아닐까? 미국 철학자 힐러리 퍼트넘Hilary Putnam은 '과학은 잘 안다'라는 것을 논증하기 위하여 이른바 표준적인 실재론 논증을 제시했는데, 그 핵심은 과학의 성공과 진리성truth를 연결하는 것이다. 우선 그는 과학이 성공적이라는 점을 내세운다. 여기에 반기를 들기는 어려울 것이다. 과학 덕분에 사람들이 달에 가고 제트비행기가 날아다니고 초고속열차가 달리는 것을 뻔히 알면서 과학이 성공적이라는 사실을 부인할 수 있겠는가? 이어서 퍼트넘은 묻는다. 실재와 부합하지 않는 과학 이론, 곧 뭘 잘 모르는 과학 이론이 이렇게 성공적일 수 있을까? 퍼트넘 자신의 대답은 절대로 그럴 수 없다는 것이다. 만약에 뭘 잘 모르는 과학 이론이 이렇게 성공적이라면, 그것은 기적이다! 흔히 "기적 아님 논증No miracle argument"으로 불리는 퍼트넘의 이 같은 논증은 꽤 탄탄하게 느껴진다.

그러나 과학사에 밝은 반실재론자들의 이야기를 들어보면 생각이 확 달라진다. 예컨대 스타티스 프실로스Stathis

Psillos에 따르면 "과학사는, 다양한 시기에 오랫동안 경험적으로 성공적이었지만 세계의 심층구조에 관한 주장들에서 틀린 것으로 드러난 이론들로 가득 차 있다".* 예컨대 18세기와 19세기에 플로지스톤이 얼마나 활약했고 양전기가 음전기와 공존하며 얼마나 많은 현상을 잘 설명했는지 아는 사람이라면, 프실로스의 지적에 고개를 끄덕일 수밖에 없다. 그렇다, 과학사를 훑어보면 '잘 알지도 못하면서' 한때 성공적이었던 이론이 수두룩하다. 그러므로 성공을 진리성의 보증서로 취급하는 퍼트넘의 논증은 설득력이 대폭 떨어질 수밖에 없다. 보라, 과학사를 돌이켜보니 잘 알지도 못하면서 성공적이었던 이론이 수두룩하다. 그렇다면 어떤 이론이 성공적이라는 것을 근거로 삼아서 그 이론이 실재를 잘 안다고 추론하는 것은 오류일 개연성이 충분히 높다!

과학사, 과학철학 전문가들이 "과학사에 기초한 비관적 귀납"이라고 부르는 이 반론은 성공에 기초한 실재론 논증을 가장 치명적으로 무너뜨린다고 평가받곤 한다. 그런데

• 『물은 H_2O인가?』 476쪽에서 재인용. 원래 출처의 한국어판은 『과학적 실재론』(스타티스 프실로스).

흥미로운 것은 이 "비관적 귀납"을 낙관적으로 연주하는 장하석의 놀라운 반전이다. "비관적 귀납"의 타당성을 인정한다는 점에서 그는 얼핏 반실재론자로 보인다. 그러나 그의 진의는 반실재론에 머무는 것이 아니라 실재론을 둘러싼 논의 전체의 판을 다시 짜는 것이다. 그리고 그 열쇠는 성공과 진리성을 과감히 분리하는 것이다. 그의 유쾌한 발언을 들어보라.

> 나는 비관적 귀납을 낙관적으로 해석하고자 한다. 성공이 우리가 진리를 소유하고 있다는 생각을 보증하지 못한다는 사실 앞에서 우울감에 빠지는 대신에, 우리는 이렇게 생각해야 마땅하다. '진리를 알지도 못하는데 우리가 이토록 성공적일 수 있다니, 이것은 얼마나 경이로운가!'
>
> ―『물은 H_2O인가?』, 477쪽

경이로움을 느끼는 능력이야말로 과학자의 기본 조건이라고 아인슈타인이 그랬다는데, 장하석의 제안을 홍상수의 영화에 비추어 변주하면 이렇게 될 성싶다. '서로를 잘 알지도 못하면서 우리가 이토록 성공적으로 관계 맺고 살아갈 수 있다니, 이것은 얼마나 경이로운가!' 경이로움은 환호와 어울린다. 다시 장하석의 말을 들어보자.

> 비관적 귀납의 결론을 한탄하기 전에, 비관적 귀납의 (……) 전제를 음미하라. "과학사는, 다양한 시기에 오랫동안 경험적으로 성공적이었지만 세계의 심층구조에 관한 주장들에서 틀린 것으로 드러난 이론들로 가득 차 있다." 여기에서 멈춰 환호하라! 비관적 귀납 논증의 나머지 부분을 생각하며 근심에 빠지는 대신에, 과학적 성공에 관한 (……) 이 사실[비관적 귀납의 전제]의 진가를 어떻게 제대로 인정하고 고마워할지에 더 집중해야 한다고 나는 제안한다.
>
> —같은 책, 477~478쪽

홍상수의 영화에서 전면에 부각되는 것은 어긋남, 어색함, 불편함, 어설픔이다. "잘 알지도 못하면서"라는 문구도 그런 결함들과 잘 어울리는 비난의 의미로 읽힌다. 그러나 어쩌면 그 영화감독은 그런 외견상의 자잘한 결함에도 불구하고 도도히 이어지는 삶을 보여주고 싶었는지도 모른다. 우리가 서로를 잘 알지도 못하면서 그런대로 성공적으로 어울려 산다는 사실의 경이로움 앞에서 관객과 더불어 환호하고 싶었는지도 모른다.

과학이 잘 알지도 못하면서 성공할 수 있다는 점에 경탄하라고 제안하는 장하석은 자신의 입장을 "능동적 실재주의active realism"이라고 부른다.* "실재론"이 아니라 "실재주의"가 어울리는 명칭이란다. 왜냐하면 그의 입장은 "우리가 객관적 진리를 어떻게 얻을 수 있는지 혹은 얻어왔는지에" 관하여 왈가왈부하는 오만한 형이상학이 아니라 "우리 자신을 실재에 노출시키기로 결심하는 과학적 태도여야 마땅"하기 때문이다(같은 책, 456~457쪽).

만약에 홍상수가 영화를 통해 전달하려는 제안들 중 하나가, 우리가 서로를 잘 알지도 못하면서 성공적으로 상호작용하며 살아간다는 점에 경탄하라는 것이라면, 어쩌면 홍상수에게도 "능동적 실재주의자active realist"라는 호칭이 어울릴 수 있지 않을까 생각한다. 물론 그 영화감독이 이 호칭을 좋아할 것 같지는 않다. 과학철학의 실재론 논쟁을 전혀 모를 테니, 그저 눈만 꿈벅꿈벅 하겠지.

---

* 최근의 저서 *Realism for realistic people*(한국어판 근간)에서 장하석은 자신의 입장을 "행동하는 실재주의"로 고쳐 부른다.

정보는 곧 세계다?
차일링거의 정보 존재론에 대한 비판적 고찰

 2022년 노벨물리학상은 양자물리학 연구자들에게 돌아갔다. 노벨상위원회가 늘 실용성을 중시한다는 점을 감안하면, 일상에서 만나는 물건들과는 사뭇 다르게 행동하여 우리의 상식을 혼란에 빠뜨리는 대상들(이를테면 파동의 성질을 띤 입자, 가능한 여러 상태를 중첩해서 띤 입자, 서로 얽힌 입자들)을 다루는 양자물리학에 노벨상이 수여되는 일은 드물 성싶지만, 실상은 그렇지 않다.

 지금까지 100번 넘게 시상된 노벨물리학상의 수여 이유를 나열한 공식 웹페이지*에서 '양자quantum'는 열 번 가까이 언급된다. 물리학이 아우르는 범위가 광활하다는 점을 생각하면, 아홉 번은 결코 적지 않다. 특히 2025년, 2022년, 2012년, 2005년, 1999년, 1998년 노벨물리학상이 양자물리학에서 업적을 낸 학자들에게 수여되었다.

혹시 노벨상위원회가 최근 들어 노선을 바꿔 실용성에 대한 집착에서 벗어난 것일까? 그런 것 같지는 않다. 2022년의 노벨물리학상 수상자 세 명은 "얽힌 양자들을 이용한 실험들로 벨 부등식 위반을 확립하고 양자정보과학을 개척한" 공로를 인정받았다. 주목할 단어들은 "실험"과 "양자정보과학"이다.

역시나 노벨상은 이론가보다 실험가를 선호한다. 그리고 양자정보과학은 양자컴퓨터, 양자 암호 등의 실용적 성과를 낼 것으로 기대되는 신흥 분야다. 양자물리학 이론을 더 발전시키거나 새롭게 해석하려 애쓰는 이론가들, 그러니까 수학자나 철학자에 가까운 물리학자들은 여전히 노벨상위원회의 낙점을 받기 어려운 것으로 보인다.

그럼에도 이 글에서 꽤 철학적인 이야기를 펼쳐보려 한다. 나는 노벨상에 연연하지 않으니 노벨상위원회의 눈치

- https://www.nobelprize.org/prizes/lists/all-nobel-prizes-in-physics/

를 볼 이유가 전혀 없지 않은가! 더구나 아무리 실용성에 몰두하는 과학자라도 대가大家로 불릴 수준에 오르면 철학에 발을 들이게 마련이다. 우리 인간은 한낱 생존으로 만족하지 못하는 동물, '우리는 누구인가?', '우리는 어떤 세계에서 살고 있는가?' 같은 근본적인 질문을 자꾸 던지고 대답해보는 정신적 동물이므로, 과학자의 철학적 모험은 자연스러울뿐더러 인간답다는 점에서 바람직하기까지 하다.

세 명의 수상자가 발표되었을 때, 내 입안에서 맴돈 한마디는 '드디어 차일링거'였다. 공동수상자 존 클라우저John F. Clauser, 알랭 아스페Alain Aspect는 나에게 낯설지만 안톤 차일링거는 그렇지 않다. 현재 우리말로 번역된 차일링거의 저서는 단 하나, 2007년에 출판된 『아인슈타인의 베일*Einsteins Schleier*』뿐인데, 이 책의 번역자가 바로 나다. 차일링거는 그즈음에도 이미 단골 노벨상 후보였다. 번역서에 대한 시장의 호응이 나에게 직접적 이득이 되는 것은 아니었지만, 『아인슈타인의 베일』이 나온 후 몇 해 동안 나는 차일링거의 노벨상 수상을 헛되이 기대했다.

번역자로서 만난 저자 차일링거는 퍽 매력적이었다. 루트비히 볼츠만과 에르빈 슈뢰딩거가 대표하는 오스트리아

물리학의 계보를 이어가는 인물이므로(현재 차일링거는 빈 대학교 물리학 명예교수다. 볼츠만과 슈뢰딩거가 차지했던 자리를 물려받은 것이다) 충분히 예상할 만했지만, 차일링거는 실험 양자물리학의 대가일 뿐 아니라 과감한 철학자이기도 했다.

앞서 2022년 노벨물리학상 업적을 요약한 문구를 인용했는데, 거기에서 "양자정보과학을 개척한" 공로는 누구보다도 차일링거의 몫이 아닐까 생각한다. 클라우저와 아스페가 얽힌 광자 쌍 한 개를 이용한 실험으로 벨 부등식 위반을 확인한 것에서 한 걸음 더 나아가 두 개의 광자쌍을 얽힌 상태로 만들어 한 양자 상태를 멀리 떨어진 곳으로 원격 전송하는 데 성공함으로써 양자 정보를 다루는 기술(대표적으로 양자컴퓨터)의 실현 가능성을 보여준 인물이 바로 차일링거니까 말이다.

또한 차일링거는 정보란 무엇인가, 정보와 세계는 어떤 관계인가, 같은 커다란 질문들에 관해서도 주목할 만한 견해를 제시해왔다. 당장 『아인슈타인의 베일』의 마지막 장에 붙어 있는 제목이 "정보로서의 세계"다. 거칠게 요약하자면, 차일링거는 정보가 곧 세계라고 본다. 세계 대신 실재를 언급해도 좋다. 차일링거가 보기에 정보와 실재는 구별되지 않으며, 따라서 동일하다. 차일링거 본인도 인정하듯이, 이런 논의를 펼칠 때 그는 확실히 철학자다.

상식에서는 실재가 먼저고 정보가 나중이다. 이미 있는 실재에서 우리가 정보를 뽑아낸다. 혹은, 실재가 우리에게 정보를 내준다. 그런데 차일링거는 실재가 곧 정보란다. 상식적 선후관계는 진실이 아니라는 얘기다. 심지어 "실재의 뿌리에 있는 정보"라고 더 도발적으로 표현한 물리학자도 있다. 급성장하는 양자정보과학의 발생 과정과 철학적 기반을 짚어보는 책 『과학의 새로운 언어, 정보Information』의 저자 한스 크리스천 폰 베이어Hans Christian von Baeyer가 쓴 표현인데, 이 책의 마지막 장에 붙은 부제다. 그리고 그 장의 주인공은 다름 아니라 차일링거다.

"실재의 뿌리에 있는 정보"라는 표현은 상식을 물구나무 세운다. 그 불편한 자세를 무조건 견디려 애쓰는 것도, 대뜸 거부하는 것도 바람직하지 않다. 합리적인 사람이라면 신중히 따져보아야 한다. 정보란 무엇인지, 과연 정보가 실재를 대체할 수 있는지, 정보가 곧 실재라는 견해(어떤 이들은 이를 '정보 실재론information realism'이라고 부른다)를 철학의 전통에 비추어 어떻게 해석하고 평가할 수 있는지 숙고할 필요가 있다.

논의의 범위를 좁히기 위해 『아인슈타인의 베일』에 담긴 차일링거의 견해를, 21세기를 위한 새로운 실재론New Realism을 추구하는 독일 철학자 마르쿠스 가브리엘의 영향을 받은 나의 생각에 비추어 살펴보기로 하자. 서둘러 결론부터 밝히자면, 나는 차일링거의 견해에 제한적으로만 동의한다.

우선 차일링거는, 우리가 획득한 정보 곧 앎과 그 정보가 서술하는 실재를 따로 떼어놓는 것은 불가능하다고 지적한다. 누구나 수긍할 만한 견해다. 물론 우리의 앎이 아예 접근할 수 없는 곳에 진짜 실재가 있다고 상상하면서 모든 앎은 그 실재를 왜곡하거나 훼손한다고 보는 과거의 형이상학적 실재론자들이라면 고개를 가로저을 것이다. 그러나 마르쿠스 가브리엘을 비롯한 새로운 실재론자들은 우리의 앎과 동떨어지는 것을 실재의 조건으로 삼기는커녕 오히려 우리의 앎과 관련 맺는 것을 실재의 조건으로 본다. 즉, 무언가가 실재이려면, 우리가 그 무언가를 부분적으로 알아야 한다. 앎과 실재의 연결을 단언하는 이 명제는 전통적으로 '실재의 이해가능성understandability of reality'이라는 문구로 요약된다. 차일링거는 실재와 정보를 "동일한 동전의 양면"으로 간주해야 한다고 말하면서 위 명제를 이렇게 표현한다.

> 실재에 대한 정보 없이 실재를 언급하는 것은 명백하게 무의미하다. 또한 정보를 실재에 관련시키지 않으면서 정보를 언급하는 것은 무의미하다.
>
> ―『아인슈타인의 베일』, 292쪽

그렇다, 정보와 실재는 뗄 수 없게 맞물려 있다. 개념과 직관에 관한 칸트의 유명한 문장을 강하게 연상시키는 위 인용문은 나를 비롯한 많은 철학자가 보기에 전적으로 타당하다. 문제는 여기에서 한 걸음 더 나아가 정보와 실재를 완전히 동일시해도 되는가 하는 것이다. "정보로서의 세계" 또는 "정보 곧 실재"라는 문구는 그런 동일시를 함축하며, 차일링거는 대체로 이 문구들을 옹호하는 것으로 보인다.

그러나 이렇게 정보와 실재가 동일시되면, 전통적으로 (특히 경험주의 전통에서) 거론되어온 실재의 또 다른 조건인 이해불가능성incomprehensibility이 묵살되면서, 정보 실재론 전체가 관념론으로 뒤집힐 위험이 농후해진다. 만약에 차일링거가 양자물리학의 울타리를 훌쩍 뛰어넘어 일반적인 실재를 논하는 철학자라면, 그의 정보 실재론은 오래된 관념론의 한 버전으로 평가되어야 할 것이다. 그러나 다행히 사려 깊은 과학자답게 차일링거는 자신의 논의가 일단 "양자역학의 세계"에 국한된 것이라는 단서를 붙인다(같은 책, 293쪽).

실재의 이해불가능성을 묵살하는 것은 이상적인 모형에 몰두하는 학자들의 일반적 경향이다. 그들은 우리가 유한한 인간으로서 마주한 세계의 불투명성을 도외시한다. 철학사에서는 플라톤이 대표적이다. 그러나 우리 인간이 마주한 실재는 끝끝내 어느 구석에서는 우리에게 낯설고 불투명하며 심지어 위협적이다.

최고의 기술로 고립시켜놓은 미시적 시스템을 수학적 모형에 의지하여 다루는 양자물리학자에게 원시림이나 어두운 동굴 같은 실재를 들이대는 것은 어쩌면 몹시 부적절한 대화법일 것이다. 그러나 경험주의와 실용주의를 비롯한 다양한 철학 전통에서 얘기해온 실재는 그런 놈이다. 부분적으로 이해할 수 있지만 나머지는 여전히 이해할 수 없는 놈. 우리는 그런 놈에게 실재의 지위를 부여해왔다.

'실재의 이해불가능성'이란 '무언가가 실재이려면, 우리가 그 무언가를 부분적으로 몰라야 한다'라는 명제를 요약한 문구다. 우리가 부분적으로 모르는 대상은 여전히 배울 것이 있는 대상이기도 하다. 바꿔 말해 그런 대상은 우리에게 내줄 정보를 여전히 (아마도 많이, 심지어 무한대로) 보유한 대상이다. 우리는 그런 영원한 탐구 대상에 실재의 지위를 부여해왔다.

흥미롭게도 차일링거는 극도로 단순한 시스템이 보유한 정보의 양이 한정되어 있다는 통찰과 '정보 곧 실재'라는 과감한 견해에 기초하여 양자물리학의 근본 질문들인 '왜 양자인가(세계는 왜 양자화되어 있는가)?', '왜 상보적 측정량들이 존재하는가?', '왜 양자 얽힘이 존재하는가?'에 대하여 답변을 제시한다. 첫째 답변은 정보가 양자화되어 있기 때문이라는 것이며, 둘째, 셋째 답변은 단순한 시스템이 보유한 정보의 양이 한정되어 있기 때문이라는 것이다.

양자물리학의 울타리 안에서 나온 이 논증이 그 울타리 안에 머무른다면, 나는 반발할 이유가 전혀 없다. 차일링거의 혜안에 감탄할 따름이다. 그러나 이 논증이 양자물리학의 울타리를 벗어나 보편적인 정보 존재론의 주춧돌로 자처한다면, 나는 극도로 단순하며 고립된 시스템이라는 출발점부터 문제 삼아야 할 것 같다. 그 출발점은 너무나 인위적이고 투명해서 실재론의 토대가 되기에는 부적절하다고 느끼기 때문이다. 어쩌면 무한히 복잡한 실재와 그 실재에서 정보로 간추려지지 않고 남는 잔여殘餘가 훨씬 더 인간적일뿐더러 올바른 출발점일 것이다.

인간의 사회성을 바라보는 두 시선

사회생물학 vs 사회철학

1. 앎의 권위와 독재

늦어도 19세기 후반의 이른바 실증주의 이래로, 사실에 대한 판단을 자연과학에 일임하는 태도는 합리적인 상식으로 자리 잡은 듯하다. 자연과학을 낳았으며 한동안 자연과학과 경쟁하는 듯했던 종교와 철학은, 적어도 사실을 확정하기 위한 논의에서는 추방당하다시피 했다. 오랫동안 인류 문화를 지탱해온 그 두 기둥의 관할 구역은 사실을 제외한 규범의 영역으로 쪼그라들었다. 사실을 알고 싶다면 자연과학자에게 물어라. 그것으로 충분하겠지만, 혹시라도 법과 제도와 도덕에 관한 갑론을박에도 관심이 있다면, 우선 사실에 관한 자연과학적 지식을 충분히 갖춘 다음에, 부차적으로 종교와 철학을 참조하라. 오늘날 이것은 많은 지식인이 권장하는 태도다.

그러나 특정한 진영 하나가 사실을 확정할 권한을 독점하는 상황은 매우 위태로운 것이 아닐까? 적어도 정치 분야에서는 확실히 그러하다. 특정한 강령 아래 뭉친 한 집단이 정치적 결정권을 독점하는 상황을 일컬어 독재라 하고, 독재가 위험천만하다는 점에 대해서는 이론의 여지가 없다. 그렇다면 우리의 앎과 관련해서도, 어떤 진영 혹은 접근법 하나가 모든 권위를 틀어쥐고 사실들의 시스템을 확정하는 상황은 꺼림칙하게 느껴져야 마땅하지 않을까? 과학철학자 장하석은 그런 독재적 상황에 적극적으로 반발하며 타개책을 몸소 개척하는 대표적인 다원주의자다. 그는 '상보적 과학complementary science'을 추구한다. 주류 과학과는 다른 시선으로 실재를 바라보고 사실들을 서술하는 대안적인 과학의 필요성을 외치는 수준을 뛰어넘어 그런 과학을 직접 실천한다. 단 하나의 정답을 위해 다른 모든 답변이 오답으로 전락하는 상황을 장하석은 용납하지 않으려 한다.

일찍이 아리스토텔레스는 "존재는 여러 방식으로 이야기된다"라고 말함으로써 다원주의적 포용력의 모범을 보였다. 정치에서 최소한 두 개의 정당이 있는 양당 체제가 필요한 것처럼 과학의 발전을 위해서도 최소한 두 개의 상보적 연구 시스템을 두어야 한다고 주장할 뿐 아니라 그 주장을 스스로 실천하는 장하석이 아리스토텔레스를 연상시키는 것은 당연한 일이다. 나는 아리스토텔레스와 장하석의 다원주의를 계승하여 "사실은 여러 방식으로 이야기된다"라고 말하고자 한다. 사실은 최소한 두 가지 방식으로 이야기되며 그러해야 마땅하다.

 구체적으로 이 글에서 다룰 사실은 인간의 사회성이다. 인간이 사회적 동물이라는 점, 곧 인간 개체들이 우호적으로 상호작용할 능력을 지녔다는 점은 엄연한 사실이다. 문제는 이 사실에 관한 논의를 사회생물학이라는 한 분야가 독점하고 있는 현재의 상황이다. 물론 이것은 미디어가 요란하게 떠벌리는 상황에 불과하다. 많은 철학자와 사회과학자는 여전히 인간의 사회성을 진지하게 연구하면서 사실들에 관한 주장을 제기한다. 요컨대 인간의 사회성에 관한 연구는 장하석이 바라는 대로 최소한 양당 체제를 이루고 있다. 양당은 오랜 전통을 지닌 사회철학과 새롭게 득세한 사회생물학이다.

이 글의 목적은 똑같은 인간의 사회성에서도 사회철학이 주목하는 측면과 사회생물학이 주목하는 측면을 대비하며 살펴보는 것, 더 나아가 사회생물학의 독재는 인간의 사회성이라는 엄연한 사실의 왜곡으로 이어질 위험이 다분하다는 점을 경고하는 것이다. 요점부터 말하면, 사회철학은 이미 기원전 4세기부터 인간의 사회성 안에 깃든 반사회적 성향 곧 이탈의 성향을 결속의 성향에 못지않게 주목해 온 반면, 막강한 권위의 진화생물학을 등에 업은, 에드워드 윌슨이 주도하는 사회생물학은 매우 강력한 결속의 성향만을 치우치게 주목한다.

인간의 사회성에 관한 윌슨의 입장을 대다수 사회생물학자가 받아들이는 것은 결코 아니다. 인간은 진사회성 동물eusocial animal이라는 윌슨의 도발적인 주장은 지금도 뜨거운 논쟁거리다. 그러므로 초강력 결속에 중점을 두는 편향을 사회생물학 전체의 문제로 지적한다면, 그것은 부당하다. 이 글이 문제 삼으려는 것은 대표적으로 『지구의 정복자*The Social Conquest of Earth*』(한국어판 2013)와 『새로운 창세기

Genesis』(한국어판 2023)에서 읽어낼 수 있는 저자 윌슨의 입장이다. 그에 따르면, 인간은 진사회성 동물이며, 진사회성을 획득하여 발휘한 덕분에 지구를 정복했다. 나는 인간이 지구를 정복했다는 순박한 주장도 받아들이기 어렵지만, 인간은 진사회성 동물이라는 폭탄 같은 주장은 더더욱 받아들일 수 없다. 적어도 현재 일반적으로 받아들여지는 진사회성의 정의를 바탕에 깔면 그러하다. 그러므로 본격적인 논의는 사회생물학에서 말하는 진사회성이란 무엇인지를 출발점으로 삼는 것이 적절하다.

2. 진사회성과 초강력 결속

온라인 한국어 콘텐츠를 둘러보면, 인간은 명백히 진사회성 동물이며, 진사회성이란 이타성의 다른 이름이라는 인상을 받게 된다. 그러나 진사회성의 정확한 정의를 알면, 많은 사람은 뜻밖의 혼란에 빠질 것이다. 진사회성 동물 집단의 세 가지 특징은 1) 여러 성체 세대의 공존, 2) 번식 관련 분업, 3) 협동 육아다. (최적의 사례들에서는 '4) 생물학적 카스트 시스템'이 추가된다.) 인간 사회가 이 특징들을 나타내는가? 1)과 3)에 대해서는 누구나 고개를 끄덕일 것이다.

성인인 나는 역시 성인인 부모와 더불어 이 사회에 참여하고 있으며 성인인 배우자, 학교 교사들과 협동하여 어린 자식들을 키운다. 문제는 2) 번식 관련 분업이다. 쉽게 말해서, 일부 개체에게 번식 기능을 일임하고 나머지 개체는 번식을 포기한다는 뜻인데, 오로지 여왕개미 한 마리만 번식하는 개미 사회에서 뚜렷이 나타나는 이 특징이 인간 사회에서도 나타날까?

흥미롭게도 대중을 겨냥한 온라인 한국어 콘텐츠의 대다수는 이 핵심 특징을 언급하지 않거나 은근슬쩍 언급하고 넘어간다. 필시 번식 관련 분업을 인간의 특징으로 받아들일 사람은 드물 것이라는 예상 때문일 터이다. 예컨대 온라인 서점들의 웹페이지에서 『새로운 창세기』에 대한 도서 소개 글을 보면, 진사회성 집단이란 "전문적인 역할을 담당하는 일부 개체들이 다른 개체들에 비해 번식을 적게 하는, 높은 수준의 협력과 분업이 이루어지는 집단"이라는 비교적 정확한 정의를 책의 본문에서 인용하면서 곧바로 "달리 말하자면 진사회성 종은 이타성을 실천하는 종"이라는 인용문을 덧붙인다. 이로써 진사회성의 핵심 특징인 번식 관련 분업은 주변부로 밀려나고 이타성이라는 상당히 감정적인 개념이 진사회성을 대체한다.

  하지만 모름지기 자연과학은 객관적이어야 마땅하다. 위 정의를 다시 보라. 주관적 의도와 뗄 수 없게 얽혀 있는 이타성이라는 개념이 들어설 자리는 없다. 여왕개미의 번식을 돕는 일개미들은 이타적으로 행동하는 것일까? 확실히 그렇다고 답하려면, 'a) 일개미는 자신을 한 개체로, 여왕개미를 자신과 동등한 다른 개체로 간주한다, b) 일개미는 자신에게 손해가 될 것을 알면서도 그 다른 개체에게 이익이 되기를 바라면서 그 개체의 번식을 돕는다'라는 조건들이 성립해야 할 텐데, 나는 이 두 조건의 성립 여부를 엄밀히 탐구한 사례를 아쉽게도 발견하지 못했다. 애당초 진사회성 곤충 집단에 이타성이라는 인간적인, 너무나 인간적인 개념을 적용하는 것 자체가 부적절한 듯하다. 진사회성 동물 집단이 충족하는 세 조건의 성립 여부는 객관적으로 관찰하고 판정할 수 있다. 반면에 조건 a), b)의 성립은 어떻게 확인할 것인가? 인터뷰를 통해 일개미들 각각의 인식과 의도를 조사하여 통계적으로 분석할 것인가?

  원래 생물학적 진사회성 개념은 곤충학에서 유래했다. 일부 개미, 흰개미, 벌이 대표적인 진사회성 동물이다. 이

동물들의 집단은 전체가 단일한 유기체인 것처럼 행동한다. 그래서 그런 집단을 '초유기체superorganism'라고 부른다. 진사회성을 대중에게 소개하고 싶다면, 이타성 대신에 이 초유기체 개념을 끌어들이는 것이 옳다. 우리 몸속 적혈구 세포는 다른 세포들에게 산소를 공급하여 그들을 돕는다. 따라서 적혈구는 이타적인가? 몹시 부적절한 질문이다. 우리 몸은 유기체이며 유기체의 모든 부분은 다른 모든 부분과 유기적으로 상호작용한다. 여기까지가 생물학에 어울리는 서술이다. 즉, 진사회성 곤충 집단은 초유기체처럼 행동한다는 것까지가 사회생물학에 어울리는 서술이다.

1966년에 '진사회성'이라는 개념이 등장한 이래로 학자들은 그 수준의 서술에 머물렀다. 에드워드 윌슨도 마찬가지였다. 위 진사회성 정의에 등장하는 세 특징을 열거한 인물이 바로 윌슨이다. 그랬던 그가 2010년대에 이르러 인간을 진사회성 동물의 범주 아래 집어넣었다. 아무래도 그가 심한 무리수를 둔 것으로 보이는데, 이 행마의 배후에 『이기적 유전자*The Selfish Gene*』라는 리처드 도킨스Richard Dawkins의 대성공작이 있다는 점, 그리고 윌슨은 학자 경력의 초기부터 '이타성'에 관심을 기울였다는 점을 감안하면, 이 무리수가 어느 정도 납득이 된다. 그래도 무리수는 무리수다. 물론 엄밀히 말하면, 윌슨이 2010년대에 인간을 진사회성 동물의 범주에 집어넣은 듯하다고 유보적으로 표현하는 편이 옳다. 왜냐하면 그가 진사회성을 재정의했다는 해석도 충분히 가능하기 때문이다. 진사회성의 외연이 확장된 것은 따로 말할 필요도 없다. 그 외연에 인간이 추가되었으니까 말이다. 그럼 진사회성의 내포는 어떻게 변화했을까? 적어도 현재까지는, 윌슨 본인이 기존에 제시했던 세 조건(여러 성체 세대의 공존, 번식 관련 분업, 공동 육아) 및 초유기체 개념에 '이타성'이라는 문제 많은 성분이 추가된 것이 전부인 듯하다.

인간 사회를 개미 집단과 유사한 진사회성 집단으로 규정함으로써 인간에 관하여 얻을 수 있는 통찰은 무엇일까? 흥미로운 수준을 넘어 가히 기괴한 예로, 인류 역사에서 진사회성의 둘째 특징인 번식 관련 분업을 찾아내려 애쓰는 역사학자 로라 베치그Laura Betzig의 논문「인간의 진사회성 Eusociality in Humans」을* 살펴보자. 이 여성 연구자가 주목하는

* Lance Workman etc.(ed.), *The Cambridge Handbook of Evolutionary Perspectives on Human Behavior*, 2020, 37~46쪽.

것은 성공적인 남성이 번식을 도맡은 사례들이다. 논문에 따르면, 특히 농경 문화가 시작된 이후, 성공적인 아버지는 수백 명의 여성을 번식의 파트너로 삼아 수백 명의 자식을 얻었다. 나머지 남성 중 다수는 거세를 통해 번식 능력을 잃은 채로 관료나 전사의 역할을 맡았다. 요컨대 인간의 진사회성, 특히 번식 관련 분업(더 정확히 말하면, 소수 남성의 번식 기능 독점)은 역사에서 확인되는 사실이다. 이 사실을 입증하기 위하여 베치그는 구약 성서에 등장하는 남성들과 그들이 번식의 파트너로 삼은 여성의 수를 장황하게 나열한다.

과거에 막강한 권력을 틀어쥔 남성이 숱한 여성에게서 숱한 자식을 얻었다는 사실을 부인할 사람은 없을 것이다. 우리 역사에서도 예컨대 조선의 왕들은 수십 혹은 수백 명의 여성을 번식의 파트너로 삼았다. 문제는 이런 번식 독점이 번식에서 배제된 남성들의 본능적이며 자발적인 선택에서 비롯된 것이었느냐, 하는 점이다. 번식 경쟁에서 밀려나는 것과 다른 개체의 독점적 번식을 위해 스스로 물러나는 것은 하늘과 땅 차이다. 인류가 진사회성 동물의 특징을 나타냈다고(심지어 지금도 나타낸다고) 주장하려면, 소수 남성의 번식 독점이 실재했다는 점뿐 아니라 그 독점이 넓게는 인류 전체, 좁게는 특정 인간 집단 전체의 번창을 위한 본능적 생존 전략이었다는 점까지 설득력 있게 보여주어야 한다. 그러나 나는 아브라함과 야곱과 기드온, 다윗, 솔로몬 등이 얼마나 많은 처와 첩을 거느렸는지 열거하는 작업에 많은 분량을 할애하는 베치그의 논문에서 그런 설득력 있는 논증을 발견하지 못했다.

하지만 베치그의 접근법이 정공법이라는 점은 높이 평가해야 마땅하다. 생물학적 진사회성의 핵심은 번식 관련 분업, 곧 소수의 개체만 번식하고 나머지 다수의 개체는 그 소수의 번식을 돕는 방식의 역할 분담이다. "전문적인 역할을 담당하는 일부 개체들이 다른 개체들에 비해 번식을 적게 하는, 높은 수준의 협력과 분업"이라는 윌슨의 표현은 생물학적 진사회성의 핵심을 희석한다는 비판을 받을 만하다. 진사회성 곤충 집단에서 대다수 개체는 번식을 비교적 적게 하는 것이 아니라 아예 안 한다! 베치그의 정공법과 달리 더 교묘한 윌슨의 접근법은 일단 호모사피엔스와 기타 호모 종들이 경쟁하던 시절에 초점을 맞추는 것으로 보인다. 그 까마득한 과거에 호모사피엔스는 진사회성 행동을 전략으로 채택하여 나머지 호모 종들을 밀어냈다고 윌슨은 주장한다. 더구나 이때 윌슨이 강조하는 진사회성의 핵심은 번식 관련 분업이라기보다 보금자리 공유 등에 기초한 초강력 결속이다. 생물학자 나탈리 앤지어Natalie Angier는 『지구의 정복자』를 다룬 서평(「에드워드 윌슨의 인간 본성에 대한 새로운 해석Edward O. Wilson's New Take on Human Nature」)에서 호모사피엔스의 초강력 결속을 강조하는 윌슨에게 동조하면서, 똘똘 뭉친 호모사피엔스들 앞에서 "네안데르탈인들은 진군하는 개미 군단 앞의 메뚜기들처럼 속수무책이었을 것"이라는 나름의 추측을 덧붙인다.

거듭 말하지만, 역시나 관건은 초강력 결속이다. 2010년대 윌슨의 뒤를 잇는 사회생물학이 보는 인간 사회성의 핵심은 사회를 초유기체에 가깝게 만드는 초강력 결속이다. 이런 견해 앞에서 철학자가 플라톤의 이상국가를 떠올리는 것은 지극히 자연스럽다. 이미 기원전 4세기에 플라톤은 분업화된 개인들의 초강력 결속을 통해 공동체를 초유기체에 가깝게 만든다는 구상을 제시했다. 그의 구상은 번식 관련 분업이라고 할 만한 것도 포함했다. 이상국가에서 가장 중요한 역할을 맡는 "수호자" 집단은 다부다처제로 번식한다. 즉, 다수의 남성과 다수의 여성이 서로를 짝짓기의 파트너로 삼으며, 결혼 같은 개인 쌍의 지속적 관계는 허용되지 않는다. 건강하고 우수하고 젊은 남성은 마찬가지로 건강하고 우수하고 젊은 여성과 되도록 많이 성관계를 맺어 되도록 많은 자식을 낳아야 하고, 열등한 남성은 열등한 여성과 성관계를 맺어야 한다. 태어나는 자식은 생물학적 아비와 어미가 누구인지 모르는 채 다만 아비들과 어미들의 자식으로서 성장해야 한다. 바꿔 말해 자식들은 공동으로 육아된다. 그렇게 성장한 차세대 수호자들은 철학을 공부한 후에 정치를 맡아 이상국가 공동체를 수호한다.

이 같은 플라톤의 구상에서도 핵심은 초강력 결속이다. 플라톤은 공동체를 이끄는 개인들이 개인적 이해 관심에 얽매이는 것을 철저히 방지하려 한다. 그래야만 초강력 결속을 이룰 수 있기 때문이다. 개체성 억제는 집단을 초유기체에 가까울 만큼 강력하게 결속하기 위한 필수 조건이다. 적어도 인간 집단에서는 그러하다. 나는 일찍이 플라톤도 잘 알았던 이 사실을 새삼 주목할 필요를 느낀다. 윌슨이 초강력 결속을 통한 초유기체 집단을 호모사피엔스 사회의 실상이라고 서술한다면, 플라톤은 그런 초유기체 집단을 단지 구상으로서 내놓으면서 "물론 실현될 가망은 희박하지만"이라는 유보적 문구를 단다. 이처럼 사회철학의 전통 안에서 윌슨 풍의 진사회성 인간론과 가장 유사한 플라톤의 이상국가론마저도 사회적 결속에 맞선 개인성의 저항을 고려한다. 인간 사회는 늘 개인성의 저항에 직면한다. 일찍이 플라톤도 잘 알았던 이 엄연한 사실은 사회철학의 전통에서 가장 중요하다고 할 만한 논제로 다뤄져왔다. 이제 그 전통을 간략히 살펴볼 차례다.

3. 인간의 사회적 이탈 의지

사회생물학이 말하는 인간의 사회성의 출발점에 개미 집단이 있다면, 사회철학이 말하는 인간의 사회성의 출발점에는 "너 자신을 알라!"라는 명령이 있다. 이 글의 맥락 안에서 인간을 정의하면, 인간이란 "너 자신을 알라!"라는 명령을 이행하려 애쓰는 동물이다. 그런데 앎은 거리 두고 마주함을 포함한다. 나 자신을 알려면, 나 자신으로부터 거리를 두고 나 자신을 마주해야 한다. 즉, 어떤 의미에서 나 자신을 벗어나야 한다. 이는 내가 속한 사회를 벗어나야 한다는 뜻이기도 하다. 만약에 위 정의가 옳다면, 사회에서 이탈하려는 성향은 인간성에 본질적으로 내재한다. 사회철학 혹은 철학적 인간학의 근본 정리로 꼽을 만한 이 명제가 경험적 관찰에 기초하지 않은 비과학적 주장이라고 느끼는 분이 있다면, "너 자신을 알라!"라는 명령이 실제로 델포이 신전에 새겨져 있었다는 사실을, 또 노예 제도가 존재하던 시절 내내 사실상 끊임없이 일어난 노예 반란을, 또 선의나 악의의 반사회적 행동들로 점철된 인류의 역사를 상기하기 바란다. 인간의 사회성은 결코 초강력 결속이 아니다. 이것은 무슨 규범적 선언이 아니라 경험적 사실이다!

『지구의 정복자』에서 윌슨이 주목하는 것은 역사시대보다 훨씬 더 앞선 과거이므로, 숱한 실증적 사료에서 확인되는 인간의 반사회성을 근거로 들어 윌슨을 반박하는 것은 부적절할까? 그럴 수도 있겠다. 나는 여러 호모 종이 경쟁하던 시절을 환히 아는 고인류학자가 아니다. 그러나 최고의 고인류학자도 그 시절을 환히 알지는 못한다는 점을 유념할 필요가 있다. 앞서 언급한 나탈리 앤지어의 서평에서처럼, 그 시절에 관한 이론들은 상당한 정도로 추측에 의존한다. 그러므로 나도 추측을 근거로 제시할 권리가 있다. 나의 추측에 따르면, 인간이란 "너 자신을 알라!"라는 명령을 이행하려 애쓰는 동물이라는 정의는 호모 종들이 경쟁하던 시절의 호모사피엔스에도 적용된다. 추측의 근거는 그 시절 호모사피엔스의 두개골이다. 잘 알려져 있듯이, 그 시절의 호모사피엔스와 현재의 호모사피엔스는 해부학적으로 사실상 동일하다. 따라서 그 시절의 호모사피엔스가 현재의 호모사피엔스처럼 "너 자신을 알라!"라는 명령을 이행하려 애썼고 때때로 사회적 결속에 저항했다고 추측하는 것은 일리가 있다.

이 같은 나의 추측이 옳다면, 인간의 사회성에 관한 사회생물학적 논의는 중대하게 보완되어야 한다. 인간들의 상호작용은 개미들의 상호작용과 비슷한 것에 못지않게 단독으로 생활하는 호랑이들의 상호작용과도 비슷하다. '어떻게 이런 상반된 두 특징이 동일한 종에 깃들 수 있는가?'라는 질문이 당장 떠오를 만한데, 이 질문이야말로 사회철학의 화두다. 일찍이 아리스토텔레스는 "인간은 정치적 동물이다"라는 너무나 유명한 말을 남겼다. 이때 '정치적이다'라는 술어는 '공동체(폴리스)를 이룬다' 정도를 뜻하지 않는다. 아리스토텔레스는 현재의 민주주의보다 더 역동적이었던 고대 그리스 민주주의가 절정기를 지나 저물어갈 때 활동한 철학자다. 그가 민주주의 정치를 모를 리 없다. 아리스토텔레스가 말하는 "정치적임"은 '공동체에 관한 사안을 놓고 갑론을박함'을 뜻한다고 나는 해석한다. 인간 개체는 개체에 불과한데도 감히 전체를 맞상대하는 특이한 동물이다. 인간의 사회성이 아주 특별하다는 윌슨의 생각은 전적으로 옳다. 그러나 그 특별함을 개미의 진사회성에 빗댄 것은 사회생물학자 특유의 한계다. 인간의 사회성은 특별하다. 왜냐하면 그 사회성은 반사회성을 품고 있기 때문이다.

그 반사회성을 주목한 사회철학의 대표적 사례로 사회계약론을 들 수 있다. 어떤 이들은 사회계약론이 사회 형성 이전에 단독으로 생활하던 인간들을 상정한다는 점에서 지극히 비현실적이라고 비판한다. 만약에 사회계약론이 인류의 실제 역사를 서술하는 이론으로 자처한다면, 비현실적이라는 비판은 매우 강력하고 효과적이다. 우리 종은 단독으로 생활한 적이 없다. 우리는 사회 안에서 태어나고 사회 안에서 살다가 사회 안에서 죽는다. 사회 안에서 사회적 풍습에 맞게 짝을 지은 부모가 대체로 계획에 따라 임신하여 우리를 낳는다. 사회를 벗어난 인간을 엄연한 현실로 내세운다면, 그것은 완전히 비현실적인 이야기다. 그러나 사회계약론은 실제 역사를 서술하는 이론이 전혀 아니다. 놀랍게도 우리는 절대로 사회를 벗어날 수 없으면서도 마치 사회 바깥에 있기라도 한 것처럼 사회를 마주하고 사회의 정당성을 논한다. 우리는, '현재의 사회 질서는 정당한가?'라고 묻는 특이한 동물이다. 이 물음을 강력하게 제기하기 위하여 사회 이전 혹은 바깥의 개인들을(이른바 자연 상태를) 상정하는 것이 사회계약론의 기본 발상이다. 사회 바깥의 자연 상태를 홉스처럼 위태롭다고 평가할지, 루소처럼 찬양할지는 부차적인 문제다. 관건은 우리가 사회를 마주할 수 있다는 점, 맞상대할 수 있다는 점이다. 우리는 여차하면 사회 전체를 뒤엎어버리겠다는 반사회적 의지를 품을 줄 아는 특이한 동물이며, 사회계약론은 이 특이성을 다루는 이론인 동시에 스스로 이 특이성을 표출하는 이론이다.

사회철학이 반사회성만 강조하는 것은 당연히 아니다. 인간의 본질적 사회성을 외면한 사회철학자는 아무도 없다. 1800년경에 활동한 철학자 요한 고틀리프 피히테Johann Gottlieb Fichte는 "인간은 인간들 사이에서만 인간이다. 인간이 있으려면, 많은 인간이 있어야 한다"라고 말했다. 혈연, 보금자리 공유, 신화를 비롯한 이야기를 통한 결속, 언어와 제도와 풍습에 기초한 연대감과 상관없이, 이 모든 구체적 조건들에 구애받음 없이, 호모사피엔스 개체는 그냥 개체로서 항상 이미 호모사피엔스 사회의 구성원이다. 독일 본 대학교의 철학자 마르쿠스 가브리엘은 저서 『허구의 철학 Fiktionen』에서 "인간이 인간을 낳는다"라는 유명한 아리스토텔레스의 문구를 인용하면서 이렇게 말한다. "인간은 나무처럼 성장하는 것이 아니라, 매우 특별한 조건들 아래에서 성장한다. 그리고 그 조건들은 타인들을 포함한다. 누군가가 아무튼 인간이라면, 그의 발생은 타인들과 그들의 사회적 관계들이 관여한 결과다."

사회철학이 보는 인간의 사회성은 더없이 근본적이면서 또한 반사회성과 맞물려 있다. "반사회적 사회성 ungesellige Geselligkeit"이라는 문구의 저작권자는 칸트다. 그 위대한 철학자가 18세기 후반에 쓴 글을 인용하는 것으로 논의를 맺으려 한다. 꽤 길지만 거듭 읽고 음미할 가치가 있다. 유전학과 진화생물학과 사회생물학으로 무장한 오늘날의 우리는 그때의 칸트보다 더 지혜로울까? 나는 그렇다고 대답할 자신이 없다.

자연이 자신의 모든 소질을 펼쳐놓기 위해 사용하는 수단은, 사회 안에서 자연의 (결국 사회의 합법칙적 질서의 원인이 되는 한에서의) 반동성이다. 여기에서 내가 말하는 반동성이란 인간의 반사회적 사회성을 뜻한다. 바꿔 말해, 인간은 사회에 진입하려는 경향을 지녔지만, 그 경향은 그 사회를 끊임없이 해체의 위험에 노출하는 한결같은 저항과 결부되어 있다는 점을 뜻한다. 반사회적 사회성의 소질은 인간적 자연 안에 들어 있는 것이 틀림없다. 인간은 사회를 이루는 경향을 지녔다. 왜냐하면 인간은 사회를 이룬 상태에서 자신을 더 많이 인간으로 (바꿔 말해, 자신의 자연적 소질들의 펼쳐짐을 더 많이) 느끼기 때문이다. 그러나 인간은 개별화(고립화)의 경향도 강하게 지녔다. 왜냐하면 인간은 자기 안에서, 모든 것을 단지 자신의 뜻대로 좌우하기를 의지하는 반사회적 속성과도 마주치기 때문이다. 따라서 인간은 도처에서 저항을 예상할 뿐 아니라, 자기도 타인들에 맞선 저항의 경향을 지녔음을 스스로 안다.

—「세계시민의 관점에서 본 보편 역사를 향한 이념Idee zu einer allgemeinen Geschichte in weltbürgerlicher Absicht」(1784) 중에서

에필로그

 과학을 숨 쉬고 생동하게 하는 것은 논리의 예리함, 측정의 정밀함, 기술의 막강함이 아니라 과학을 품은 삶 자체의 가늠할 길 없는 풍요로움이다. 이 책을 읽는 이들이 과학을 그 풍요로움 안에 거둬 주눅 들지 않고 애틋한 호의로 바라보는 태도에 조금이라도 접근한다면, 나는 저자로서 보람을 느낄 것이다. 관건은 과학 지식의 전달과 수용이 아니라 과학을 대하는 태도를 조금 바꾸자는 제안과 호응이다.

 원래부터 책을 내려고 쓴 글은 아니었다. 2019년에 한국과학기술연구원KIST의 정기간행물 『테프리 리포트 *TePRI Report*』로부터 원고 「세계사 속의 과학기술」이라는 코너를 맡아달라는 제안을 받았다. 선임연구원 임혜진 박사님으로부터 뜻밖의 전화를 받았을 때, 한편으로 반가우면서도 내심 이 일을 잘 해낼 수 있을지 걱정하며 내가 번역한 과학사 책들을 새삼 훑어보았다. 달리 어디에서 소재를 구하겠는가? 『테프리 리포트』도 나의 번역 경력을 고려하여 일을 맡겼을 것이 틀림없었다. 그리 주도면밀하지 못한 나에게 정기적으로 글을 쓸 기회를 준 KIST 측에 감사한다. 2024년에 내가 소재의 고갈 등을 이유로 연재를 중단할 때 소통했던 박지은 박사님의 너그러움에도 깊이 감사한다.

1997년에 첫 과학책 번역서로 『무한, 그리고 그 너머 *To infinity and beyond*』와 『슈뢰딩거의 삶 *A Life of Erwin Schrödinger*』을 내고 2001년부터 본격적으로 번역에 뛰어들었으니, 번역가 경력이 어느새 사반세기를 채워간다. 이 길로 온 것도 원래 계획은 아니었다. 이 땅의 인문학 전공 대학원생에게 번역은 아주 익숙한 작업이다. 대학원에서 철학을 배우며 영어나 독일어를 번역하여 동료들과 함께 읽고 토론할 때가 많았고, 종종 번역이 재미있다고 느꼈지만, 번역을 생업으로 삼을 생각은 없었다. 그러나 우연과 상황이 만들어내는 흐름에 저항하지도 않았다. 마침 교양 과학책에 대한 수요가 증가하던 시절이었고, 내가 학부에서 물리학을 전공한 덕분에, 비교적 쉽게 번역가로 정착할 수 있었다. 여러 출판사와 인연을 맺었지만, 주요 거래처는 까치글방과 더불어 해나무였다. 해나무가 없었다면 나의 경력은 훨씬 더 빈곤했을 터이다. 오랫동안 협업한 편집자 허영수 님에게 감사한다. 내가 팀장이라고 부르던 그는 기쁘게도 더 높은 자리로 옮겨갔고, 이 책은 조은화 님이 맡아주었다. 산만한 꼭지 글들을 적절히 배열하고 제목들을 달고 삽화를 집어넣어 통일성을 갖춘 책으로 만들어준 조은화 님에게 감사한다.

철학을 다루는 저서는 이미 몇 권 냈지만, 과학에 관한 저서는 이번이 처음이다. 한때 과학자를 꿈꾼 사람으로서, 또 대학교에서 물리학을 전공한 사람으로서, 더구나 과학책 번역을 주특기로 생계를 꾸려온 삶으로서, 과학에 관한 저서를 내고 싶은 꿈이 당연히 있었다. 그러나 이른바 '콘텐츠'가 넘쳐나는 이 시대에, 오랜 거래처의 호의가 없었다면, 이렇게 꿈을 이루는 기쁨을 누리기 어려웠을 것이다. 해나무에서 과학 저서를 내게 되어 무척 기쁘다. 나는 지금 물리학도의 길에서 훌쩍 벗어나 감히 철학자이기를 바라며 방랑하는 중이므로 실은 과학에 관한 책을 쓸 처지가 아니다. 전문성이 부족하다는 얘긴데, 다행히 도움을 구할 친구들이 있어 모험에 나설 수 있었다. 나의 좁은 시야와 부족한 지식 때문에 오히려 그들에게 누가 될까 봐 호명하기를 자제하지만, 이 책을 쓰는 동안 여러 친구가 물리학자로서의 경험과 지식으로 나를 도왔다.

특히 울산 유니스트UNIST의 김철민 교수에게 감사한다. 몇 년 전에 필즈상 수상자 허준이 교수가 고등학교 때 김철민을 과외 선생으로 두고 수학을 배웠다고 밝히는 바람에 그가 언론에 오르내린 적이 있다. 그때 그에게 '과외'라는 호를 붙여 '과외 김철민 선생'이라 부르며 놀렸는데, 정말이지 그는 나에게 탁월한 과외 선생이다. 중학생이나 물을 질문도 잘 받아준다. 가끔 시를 써서 보여줘도 정성 들여 읽고 칭찬해준다. 지금 우리나라 통계물리학 분야에서 큰 역할을 하는 그는 나에게 참 고마운 친구다.

책을 내면서 이렇게 여러 은인에게 감사의 말을 전할 수 있어서 참 감사한데, 이 감사는 누구에게 해야 할까? 불상 앞으로 가야 할 것도 같고, 십자가 아래로 가야 할 것도 같은데, 그냥 산에 갈까 한다. 낙엽 사이로 계곡물이 참 맑을 것이다.

과학을 인간답게 읽는 시간
ⓒ 전대호 2025

초판 발행 2025년 12월 20일

지은이 전대호

책임편집 조은화 | **편집** 허영수
디자인 이강효
마케팅 이보민 손아영

펴낸곳 (주)북하우스 퍼블리셔스 | **펴낸이** 김정순
출판등록 1997년 9월 23일 제406-2003-055호
주소 04043 서울시 마포구 양화로 12길 16-9(서교동 북앤빌딩)
전화 02-3144-3123 | **팩스** 02-3144-3121
전자우편 henamu@hotmail.com | **홈페이지** www.bookhouse.co.kr
인스타그램 @henamu_official

ISBN 979-11-6405-348-3 03400

해나무는 (주)북하우스 퍼블리셔스의 과학·인문 브랜드입니다.